U0114369

熱處理，
101個客訴案例分析

謝朝陽　著

博客思出版社

客訴處理案例專輯 序

邱六合教授

　　所認識的謝朝陽先生每日必定撥冗讀書，有三日不讀書面目可憎的讀書人風範，並且勤於動筆，出版多本書籍，著作等身，致力傳承台灣俚語及風土民情不遺餘力。但朝陽先生本業是從事機械加工及熱處理行業的黑手，浸研熱處理專業數十寒暑，具有為多種產業設立熱處理部門的工廠規劃、設備採買、試俥到產品生產等整廠工程及管理實務。長年在現場送往迎來，具有深厚的生活歷練及專業本質學養，與客戶談天說地之餘，面對客戶所帶來產品生產問題，問清來龍去脈，針對問題來均可迅速提出解決對策及建議。

　　鐵鋼材料在受到加熱、冷卻或加工時，其動態及靜態的強度均會發生顯著的變化。但在另一方面，往往也會發生伴隨部份缺陷。這些缺陷，通常由於材料選擇不當、熱處理操作不當、或者不合於使用條件等之原因而起，嚴重者致使工作件不堪使用。當發生產品或零件使用失效時，便需專業領域的技術前輩帶領團隊解決。台灣金屬熱處理學會在技術服務區塊，成立技術服務委員會，針對會員所面對的熱處理技術提供諮詢，解決生產問題。同時也針對零件及模具破損件進行分析，據以判斷為材料、機械加工、熱處理或設計等單一或多方面所導致的失效。學會多年來所提供的分析案例，在一定時間後，剔除不必要資訊保留技術層次資料刊載於會刊，以分享學會會員及社會各界，集結出版金屬材料破損分析案例三輯，提供各界參酌。

對於真空爐可進行的工模具鋼淬火回火處理、析出硬化處理、固溶體處理及軟化退火等各式熱處理，表面硬化處理的陶瓷硬膜被覆以及低溫無白層之氮化處理，謝先生為行業中箇中翹楚，有什麼問題問他就對了！此次將案例文字集結出版，朝陽先生對於材料失效的客訴處理結果呈現，獨排眾議，多以文字，詳述問題起源、可能原因及解決方案，內容確能給予面對問題的現場從業人員，醍醐灌頂，馬上找到完整答案。對熱處理產業的技術發展及深根卓有貢獻，對台灣產業的發展也能發揮一定的貢獻。

邱六合 2016年7月16日
（大同大學材料工程學系 教授）

客訴處理案例書　序
李景恒教授、曾春風教授

　　謝朝陽先生從事熱處理這個行業已三十多年，目前任職於承盛熱處理公司擔任副理，擁有多張專業技術證照及多項發明專利證書。因家人從事機械加工、放電加工等行業，多年不斷的涉獵專業書刊，再加上職場多年的歷練，積累豐富的材料、機械加工及熱處理專業實務知識與技能，且對於模具材料的選用、加工及模具的組裝有豐富知識與經驗。

　　因機械元件的性能或其失效與元件材料的特性、製程履歷及實際使用的狀況皆有關聯，謝桑以其深厚的專業知識與實務經驗使其對客訴案的處理，可從多元專業的角度去思考、分析客訴案，剖析造成問題的成因，並提出具體可行的改善對策，且在一些案例中甚至提供模具如何銲補及熱處理或如何線割加工粉末高速鋼才能切出長方形工件而不致變形等詳細的改善作法。

　　我們二人現任職於國立虎尾科技大學材料科學與工程系，皆從本校前身國立雲林工專機械材料工程科一起任教至今，從事熱處理相關課程的教學與研究多年，有幸拜讀謝桑的大作，讀後一致給予此書內容豐富、解說清楚、專業、實務的評價，且認為此書是目前國內極少數可將客訴案例完整呈現的專業書

籍，是從事熱處理業的從業人員的一大福音。此書不但提供
碳鋼、模具鋼、不銹鋼及鈹銅等金屬材料的熱處理專業實務知
識，也提供諸多模具材料的選用、機械加工、放電加工、銲補
及研磨的實務知識，也從熱處理專業角度提出改變工件設計的
建議，相信此書對機械加工業及模具業相關從業人員也有相當
大的助益。

　　謝桑熱心提攜後進，也希望他從事熱處理這個行業三十多年
積累的實務技能與經驗透過此書傳承下去，相信讀者詳閱此書
後定可獲取諸多專業知識。若讀者因此書內的實務經驗而減少
職場犯錯的機會或因此書內的實務技能使自身專業能力的提升
而在職場獲益，也相信讀者會感謝謝桑無私的奉獻。

李景恒、曾春風
於雲林虎尾 2016年8月

作者的話

謝朝陽

1984年初春某日，經由長輩引介，一頭栽入熱處理業，一晃眼已經過了三十幾個年頭，從藍領到白領，從低階到高階，從完全不懂到內行專業，期間經歷，觀察、學習、模仿、研發、創新、發明，過程中，遭遇無數挫折的懊惱，及失敗痛苦的折磨，從中累積難得的寶貴經驗，也借由這些經驗，不但，使自己成為專業技術者，也成為高階經理人。

熱處理是一門相當專業的技術，雖然僅是以溫度、時間、冷卻三個參數應對所有金屬材料，但是，三個參數交互相乘卻是無量變化。熱處理業是一個有產出，卻是無產品的行業，因此，製程是多元也是多樣，隨著材質不同，尺寸差異，幾何公差，上線使用參數等等變異，得即時調整熱處參數對應所有變化。

即使已擁有專業熱處理技術，還是無法避免客訴，誠如前述所提：熱處理是有產出、無產品的行業，且熱處理並非最終製程，因此，當已熱處理完之工件，再經接續的機械加工、線切割、放電、研磨等等製程，最終成為模具或零件，若是在上線使用時，發生未達預期使用壽命而提早下線，此時，就是客訴的發起。

當面對一件模具或零件的客訴，不是僅有熱處理專業就可切入，而是必須擁有機械加工、線切割、放電加工、材料應用及幾何公差等等專業知識，筆者深知這些知識的重要，因此，至今仍孜孜不倦，持續讀書、實驗、研發、創新，應對，各式各樣的客訴問題及時時刻刻都在變遷的市場須求。

　　本書的每一篇客訴個案都是真實案例，以類似說故事手法撰寫，採用口語化、生活化、語辭舖陳個案事實內容，力求淺顯易懂，只要閱讀者稍有材料、熱處理及機加工常識，即可輕易了解每篇案例的關鍵重點。在此期許每一位看這本書的讀者，圓滿、成功。

經驗來自不斷學習，

專業來自先前經驗。

學海無涯唯勤是岸，

青雲有路以志為梯。

謝朝陽

目錄

02 不銹鋼　76

03 低合金鋼　　　112

04 非鐵金屬　　140

05 表面處理　　160

06 機械加工　　　178

01

高合金鋼

一、SKD11、SKD61經熱處理完成後，再進行雷射刻字後變形，因變形引發精度跑位，而招至退貨，如何改善？

問題探討：

眾所皆知，雷射的瞬間高溫與高效穿透性，被利用非常廣泛。利用雷射進行刻字，因其瞬間高溫大於1600℃↑，也就高於材料的耐受熔點，才可完成熔蝕刻字。

這是問題所在，因在進行雷射刻字時等同於單面承受高溫，雖然是點接觸，但瞬間高溫絕對大於淬火溫度，也就是說零件單面接受局部再淬火。

綜合解析：

零件單面接受高於熔點之超高溫點狀接觸，引發點狀接觸之再淬火；經查閱熱處理製程淬火後僅分別施予125℃、210℃回火。零件尺寸約3.5x8x40mm。綜合上述參數發現工件尺寸僅3.5mm相當單薄，僅施予低溫回火，又加上單面點接觸再淬火，這些參數都是造成變形的原因，但影響最大的還是單面點接觸再淬火。

再舉例說明：如同薄板工件因熱處理變形，同業技術者，大都利用乙炔火焰進行點接觸校正變形，所以單面點高溫可校正，當然也會變形。

預防措施與改進辦法：

在工件尺寸無法設變，熱處理硬度無法妥協下，改以先雷射刻字再進行熱處理，前提在進行熔蝕雷射刻字時，它的操作能量釋放一定得下降，否則問題將再重演。

二、SKD11材，尺寸25×250×300×1件，SK3材20×250×300×1件，因加工預留僅0.15mm，是否合乎熱處理變形預留

問題背景履歷說明：

經詳細詢問為何兩種材料不同，厚度尺寸不同為何預留變形公差相同？又為何預留變形公差這麼小？答覆是：誤操作。

再詢問預留變形公差0.15mm是單邊或雙邊，答覆是雙邊預留公差0.15mm；也就是單面預留0.075mm。

問題解析與應對措施：

SKD11材的厚度25mm較厚且又是空冷鋼，淬火後利用SKD11材有高溫回火二次硬化的特性，可同時校正變形與硬度調整，若校正之夾冶具平整度在0.02mm以內，應可滿足單邊預留0.075mm要求。JIS SK3材的厚度僅20mm且又是水冷鋼，淬火後的硬度，心部與表面有斷差，隨著厚度的增加，硬度斷差愈大，因硬化能差又是水淬，又不耐高溫回火校正，因此建議放棄，重新以JIS SKS 93備料，預留變形公差0.5mm。

三、為何德國原裝進口之成型雕刻滾輪與ＯＯ公司自製品比較，在同樣的使用條件、時間下，最終結果德國製刀口僅磨耗成鈍狀，而ＯＯ公司自製品刀口卻成大小不平整的崩裂狀，因此質疑是否與熱處理有關聯

案由背景詳述：

ＯＯ公司是一家成型雕刻滾輪機製造商也是使用者，本案使用的材質JIS SKH 9高速鋼，硬度要求62HRC，與德國原裝進口製品硬度相同，因為是製造商，又是直接使用者，對於上線使用參數，與加工母機校正等等絕對是最佳狀態，因此不良狀況產生，當然指向熱處理。

不良品原因分析：

首先以硬度切入做經驗理論推演，我們都知道，不同的淬火溫度與回火溫度的調整可達到同樣硬度要求，此時材質基地的結晶粒度不盡相同，當然韌性、耐磨耗也大大不同。再來就刀口的設計角度，與被加工材的流動阻力是很大的關聯，刀鋒的銳利度，將影響被加工材的毛邊平整性，也是被加工材在被剪切後，退位是否順暢也是一大參數，針對此一質疑，我們應該要求ＯＯ公司，做精確的幾何公差驗正。第三點，從ＯＯ公司口述中得知硬度相同，但德製品材質是否相同，還有待驗正？

綜合前述疑點分析，讓成型雕刻滾輪在使用時因刀口崩裂，而提早下線的原因應有三大疑點，及許多參數。

對策建言：

目前對策，以熱處理條件參數變更以改善刀口韌性。

將來對策：

將德製品送驗，進行定量、定性分析，以確認材質等級，再以金相驗證，確認結晶粒度與材質清淨度，做為日後選材與熱處理條件設定依據。

要求ＯＯ公司比對德製品與自製品形狀幾何公差參數，再比對刀口傾角與面粗度。

結論：在不良品分析，對策建言中已詳述其因、果關係，魔鬼往往是藏在細節裏，只要前述分析與建言，確切落實，成型雕刻滾輪使用壽命非常提升，指日可待。

四、熱處理同業要求協助檢驗一零件，因使用壽命不足之客訴案

案由背景詳述：

本案送驗件是SKD61為基材，尺寸約42×82×109mm在平面中心加工成一半圓形螺紋凹槽，開口約25mm谷底深度約12mm長度109mm，經熱處理得值48HRC，上線使用後不久即失效、在凹槽齒尖形成鉚凹，送驗件是使用在拉力實驗用途，在上線使用是二個一組，一上一下凹槽相對成圓形腔體，將被驗材一端置入，此時上下模夾緊被驗材，另一端接拉拔裝置進行拉力測試。

據轉述：此批有數十組所有個件之加工製程、材質、

熱處理皆相同，為何僅單一組件失效，因此使用者強烈質疑材質、熱處理可能是失效主因。

失效原因分析：

以肉眼觀察送驗件，發現凹槽谷底與兩側邊，形成順向線狀不等距斷續鉚凹，因此研判本案失效件在進行拉力測試作動時，並非以整個內孔圓線齒尖與被檢材成圓線接觸，而是以齒尖圓線成點狀接觸，再接續拉力作動，也因點狀接觸進行咬合，受力當然不均；因此咬不住而造成鬆脫，此時的被檢材的另一端是接著拉拔裝置，由於鬆脫而瞬間拔出腔體，當然也順勢鉚凹了齒尖。也因此研判為何被檢材置入腔體，腔體內圓齒尖不是緊密的線狀咬合，而是以點狀斷續咬合，以經驗推演有二。

1.因熱處理將精度跑位，造成真圓變橢圓，因咬合效果不佳而衍生失效。

2.另一種可能就是，當被檢材置入腔體上下模尚未實質咬合到位，即進行拉拔測試，當然失效。

以Micro-hardness Vickers在失效件齒尖、齒谷進行硬度測試，發現齒谷硬度質與原設定值48HRC相符，齒尖52HRC與原設定值相差4HRC，影響深度0.6mm。更強化驗證，是由於腔體咬合不佳，被檢材滑動的瞬間形成齒尖塑性變形，導至冷間加工硬化，致使硬度上升。以金相檢視失效件齒尖作動處在未腐蝕放大100倍、400倍觀察基材清淨度佳，再以Nital 5%×5秒觀察，固溶狀況良好、複碳化物M_6C成點狀分佈也驗證是高溫回火基地是麻田散體Martensite檢驗結果首先排除基材清淨度影響，熱處理工藝製程經金相比對也屬正常。

對策與建言：

本案失效件若能在上線使用前，以輪廓儀量測幾何公差比對熱處理前後精度差異，當可驗證熱處理變異量是否在容許公差內，同時佐以再精加工確保精度，上線使用時確保每一個作動需確實到位，再進行另一個作動。齒尖設計，改以粗牙，也就是放大齒尖與被檢材的接觸面積，增加咬合力道可防止鬆脫。

結論：本案報告致此似乎與原先要求目的有落差，為何一組件失效，其它OK，以熱處理變形、變寸來講，雖然工件尺寸相同，但每一個件的變異量不盡相同，當然咬合效果也不同，再就幾何公差參數，廠商未做回廠再驗證，上線使用作動是否落實，諸多參數未驗證前，若妄作斷語有失公允，所以在對策建言僅提出個人經驗推演，敬請酌參。

五、JIS SKD61料管殘磁一支有另一支沒有，問原因何在

背景詳述：

○○某司負責人來電告知，託外訂製二支SKD61材之料管尺寸外徑ø120×內徑ø70×300mm經委外加工廠製作完成，在進行交貨驗收時發現有鐵屑粘在料管之內徑管壁一支有，另一支沒有，經敲打也不會掉落，再經木質圓棒探

入內孔扚粘屑也扚不下來，因此認定是殘磁，兩支料管之加工履歷是同時進行粗車熱處理，內孔精研至完成品，因此質疑可能材質或熱處理有問題。

原因探討：

以經驗推演整個加工過程中能夠使被加工材殘磁的工序只有研磨，也只有這個製程需要借助磁鐵固定被加工物，得以預防被加工材因鬆動而跑位，SKD61有被磁化能力，它的殘磁是來自於外力，也就是說在加工過程中動用到磁鐵，在加工完成後並未進行消磁或消磁不完全而導至殘磁。至於熱處理製程更不可能，因為SKD61材須經淬火+回火二道製程，淬火的溫度大於1000℃以上反而是消磁的好幫手；因為以過去的經驗，不論任何材料，甚至於永久性磁鐵也是利用高溫進行消磁，至於一支會粘屑另一支不會粘屑？應該是程度上的問題；也就是說以肉眼觀察另一支沒有的可能只是屑粒較小看不見而並非沒有。

改善措施：

再進行消磁機消磁，若未果，以不影響尺寸精度及硬度之回火溫度進行消磁回火，也就是低於最後一次回火溫度50℃，比方說原先以600℃回火，消磁回火設定在550℃回火即可，先前經驗消磁回火的溫度愈高消磁效果愈佳，所以愈接近臨界溫度；也就是最後一次回火溫度效果愈佳也是愈危險，所以按照前述的方法是最保險的製程設定。

結論： 本案料管殘磁起因於消磁不完全而非材質與熱處理影響。

六、SKD11材可否以硬銲的方式與鎢鋼結合

案由背景說明：

本案是由客戶以電話詢問，再口述客戶需求，當時並未詳問其用途、目的，因此本案就以標題做論述目的、用途推演：通常會考慮到以鎢鋼和其它低價材做硬銲，其首先目的都是以成本為考量，若以沖壓工具為考量其使用的部份僅在刀口因此只須刀口是鎢鋼，再說就是韌性考量，因為鎢鋼的硬度以G5為例88HRA相當硬且脆，所以，以硬銲方式接合低硬度之材料，將來在上線使用時可防止沖壓振動崩裂的危險，以過去經驗推演，本案應是以鎢鋼當刀口，後端接SKD11材經硬銲製程後，以細孔放電穿孔再進行線割加工。

SKD11材可否以硬銲方式與鎢鋼結合？當然可以，但結果不佳。

先前經驗：

在2001年曾接受客戶就是以SKD11材和鎢鋼進行硬銲，結果不佳，就當時的硬銲參數與各位分享；材質SKD11尺寸150×150×40×5PCS，鎢鋼尺寸150×150×10×5PCS，合計五組。

硬銲介質：鎳基LM-S

硬銲製程參數：1000℃×120'→1050℃×60´→爐冷至650℃×1´→1Bar冷卻至60℃→出爐。

硬銲結果：

鎢鋼與SKD11接合良好，但鎢鋼面在中間凸出，也就

是在鎢鋼150×150×10mm的平面中心凸出，最高值約5mm。

結果驗證：

以細孔放電ø1.2穿孔，再以線切割切下一ø15×50mm之試片查證硬銲效果OK，但鎢鋼平面中心凸出。

後續探討：

鎢鋼平面中心凸出，應歸咎於SKD11材之膨脹係數與鎢鋼相差太大。再參考Nippon Steel之TiC它是以TiC和SKD61或JIS SUS 420J2結合，經查閱膨脹係數相差不大，再比對鎢鋼G5與SKD11材其膨脹係數相差太大導至平面中心凸出，SKD11材之含碳量是百分之1.6而SKD61和SUS420J2含碳量僅0.35~0.42％相比較之下，它們將來上線使用之韌性要求，以及沖頭所需的耐震要求當然是SKD61和SUS420J2效果最好。

結論： 經前述之經驗推演，鎢鋼與SKD11材之硬銲結合可能造成平面中心凸出，若改以膨脹係數接近之中碳高合金鋼，同時利用硬銲時之銲劑熔點臨界溫度同時進行沃斯田體化，為最佳理想選擇。

七、同樣以SKD11為基材製成零件，一種是以粉末射出燒結成型，另一種是以鍛打材經機械加工成型，其將來上線使用之差異性為何

案由背景詳述：

新莊有某家粉末冶金公司研發部門主管詢問：現在正

進行一樣異型機械零件打樣，因為打樣時是以SKD11鍛打材（也就俗稱的生料）進行3D機械加工，待完成後經熱處理再送樣給客戶，經客戶認證後，再進行開模（粉末射出）也就是以SKD11之粉末材進行射出燒結量產。問將來量產時與原先打樣品會有什麼差異？

問題分析：

1.材料成份比較

雖然同樣是SKD11成份，量產是粉末料，打樣是生料，當粉末在進行射出時為了讓材料流動性佳及好成型添加了Binder，將來燒結完成後這些Binder的成份會殘留在基材裏，雖然主要成份大致上是一樣，但有些微量成份還是會多出來，對於將來上線使用環境要求較苛刻的場合是會有影響的。

2.熱處理硬度與變形比較

首先以熱處理硬度比較，粉末材硬度較低且不均勻；以同樣熱處理條件每一批硬度不盡相同，因此熱處理重工機率大。

3.在變形量比較

以同樣型狀幾何考量生材樣品是以機械加工成型其加工應力較大，因此變形量可能會比粉末材大。

4. 機械強度比較

粉末射出材在高倍率的顯微鏡底下觀察是多孔性組織；且孔徑大小不一，組織非常鬆散，尤其以高碳高合金的SKD11當粉末射出材，經常可以在金相中發現延晶破裂，當然對於延伸率及衝擊值要求的場合絕對減分。再比較引張強度與降伏強度，當然生材比粉末射出材好；應該是說好很多，主要原因在於基地組織的問題。

為何本案是以構造用途之機械零件為訴求，為何選擇以SKD11當粉末射出材令人不解？

建議：

以粉末射出成型製成機械零件，對於材料成本、加工成本可以省很多，當然在市場競力考量是絕對加分，但粉末射出材的機械強度與生材差異相當巨大，若使用場合有高硬度要求也不見得要使用SKD11材的成份，若硬度要求60HRC以上，只要選擇含碳量大於0.7以上即可，SKD11材含碳量在1.6相當硬脆較不適合。

八、細長的SKD11材已經熱處理但變形嚴重要求變形校正及尋求將來對策

案由背景詳述：

○公司帶來一件SKD11材之模具零件，原尺寸約6mm×10mm×500mm經機械加工成倒T型；如斷面略圖凸，已經熱處理，但變形扭曲嚴重要求幫忙校正，本案之異形模具零件使用在雨刷成型用途，因此要求的精度公差甚嚴，若變形量過大將來上研磨機台，會因為超過預留公差無法進行研磨或因變形過大研磨機台的吸磁機器吸不住。

失效原因分析：

本案之模具零件經熱處理製程後變形嚴重的原因，導

因於零件為異形幾何且尺寸細長，選用的材質為SKD11材因是高碳高合金，其被加工阻抗相當大，因此可推演在機械加工時已經變形，接續的熱處理加熱需到達1030℃之高溫，因其形狀細長且是倒T型之異形長條，在加熱及冷卻是易於扭曲變寸，因此當○○公司選來不良件，經片尺規檢測單邊變形超過1.5mm且平面側面兩邊成扭曲變形，也應證了前述推演。

應對措施：

因為形狀是倒T異型側面有斷差，且是側面、平面兩邊變形曲彎，要校正回來機會幾乎是不可能，還是以回火校正方式進行，以先前經驗推演SKD11高溫回火的溫度是510℃硬度落在58~60HRC，因此校正回的溫度一定得高於原回火溫度20℃~30℃才有效果，因此先用夾具固定被校正物以540℃×5H做平面校正回火，再以570℃×5H做側面校正回火，經前述的兩次校正回火後檢測變形量，單邊的變形量約小於0.8mm，改善相當多，但是否這樣的變形量是在研磨預留容許公差內，有待許先生回去做驗證。

建議：

本案模具零件形狀過於細長，且原設計上必須有斷差，以過去的熱處理經驗和機械加工經驗推演是必定成失效件，因此建議材料、製程必須改變如下：

1.將材質改成P-20之調質鋼，30±2HRC。

2.先粗加工至6.5mm×10.5mm×500mm。

3.進行600℃×4H應力消除。

4.精加工至上線要求之最終尺寸。

5.進行無白層氮化，可得表面750HV0.3、深度0.25mm。

九、為何梅花沖棒經金剛陶瓷皮膜製程上線使用即崩裂

案由背景詳述：

某中部廠商寄來梅花型沖棒失效件，經肉眼觀察刀口端面成片狀崩落，據用戶投訴在上線使用僅數十沖程即下線且沖棒之崩裂碎片還粘在被加工材上。

本案梅花型沖棒材質為SKH-57硬度介於65~67HRC，先前未採用陶瓷皮膜之前是以CVD的TiN製程，雖然上線壽命不佳但陶瓷皮膜製程更不理想，問原因為何？如何改善？

失效原因分析：

經肉眼觀察梅花沖棒端面崩裂處，它是整個端面刀口成片狀剝落且有局部的刀口緣粘黏在被成型材上，因此判定為表面粗糙度不良造成夾屑，當梅花型沖棒在進行冷成型時，由於面粗度不佳，坯料在成型流動時會產生阻抗；也就是跑料不順，不但引發夾屑也造成夾沖棒，最終也因夾屑夾沖棒造成片狀崩裂。

金剛陶瓷皮膜是利用酸鹼電位差將奈米陶瓷植入工件，在製程中有置換反應因此在工件上會殘留鐵碳分子在工件表面上，本案面粗度不良造成最終提早下線，判定為

金剛陶瓷皮膜製程結束後，送回用戶手中並未實施拋光製程就上線使用，這也是本案失效主因。

改善辦法：

金剛皮膜製程結束後，在上線使用前必須以青土拋光劑進行拋光，徹底去除在金剛皮膜製程中的置換效應所殘留的鐵碳分子，同時提升工件表面精度，對於冷成型的材料流動絕對加分，更可預防夾屑及後續引發的崩裂問題。本案由於是異形沖棒不易拋光，建議以線切割製成拋光冶具，按照梅花型之幾何圖形進行內孔線切割與被拋光材之間隙單邊預留0.05mm，放置在小型沖床上，將青土拋光劑塗抹在被拋光材，進行往覆式的拋光。

本案建議的拋光方式絕對可大大提升冷成型的坏料流動順暢，又因拋光方向與冷成型方向是同方向更可避免夾屑的可能。

十、SKH-9材降低淬火溫度韌性會比SKD61好嗎

案由背景說明：

新莊某機械零件製造廠廠長來電：說他原先是以SKD61材製成圓棒頂針，是使用在塑膠射出用途，使用壽命不理想；也就是未達使用者預期要求，因此以SKH-9材取代，又擔心SKH-9材硬度太硬，因此突發其想將SKH-9材製成之圓棒頂針與SKD11材一起淬火，再以低溫回火一次即精加工至完成尺寸，經用戶上線使用後不久，就發生斷裂。本案以SKH-9製成之圓棒頂針總共約100支，已上線

使用的全數提早下線，不良品12支剩下約80餘支客戶不敢使用問可有立即改善方法？斷裂原因為何？

不良原因分析：

SKH-9材屬於高速鋼系列，一般使用在切削刀具，含碳量0.9%屬於高碳高合金鋼，相較於SKD61材屬於熱作工具鋼。SKD61一般使用在壓鑄、熱鍛、塑膠射出，其含碳量僅0.38%屬於中碳高合金鋼，以韌性比較SKD61遠遠大於SKH-9，且可承受在上線使用時的側向受力，主要原因在於含碳量與合金成分，以耐磨耗比較SKH-9卻遠遠大於SKD61，但上線使用時只要垂直度偏移；稍為側向受力即引發斷裂，主要原因也是含碳量與合金含量，以含碳量和合金含量論述：含碳量愈高合金量含愈多，強度愈高硬度也跟著增高當然韌性也隨之降低。

本案雖然將SKH-9以SKD11材一起淬火；也就是降低淬火溫度Under hardening以求得較高韌性，方法是對的，但選擇材質不適當，雖然低淬火溫度可得較好的延展性，但還是在上線使用不久就斷裂，因此判定本案失效原因，在於選材不當。

對應辦法：

立即改善辦法：將尚未使用的80餘支圓棒頂針，利用高溫回550℃×2H，硬度將降至52HRC，先取幾支上線使用若改善了，可全部上線使用，若繼續發生斷裂，再提高回火溫度降低硬度應可立即改善。

將來對策：

還是選擇SKD61材經調質處理至55HRC→精加工至完成尺寸→氮化→上線，經此製程圓棒頂針心部硬度55HRC表面硬度1000HV，應可達到本案所要求的高韌性與耐磨要求。

十一、壓鑄模上線使用不久即因開裂提早下線，問開裂原因？可有立即對策

案由背景詳述：

台中某家壓鑄模具製造廠，以SKD61材製成之壓鑄模，經熱處理製程後，交由使用者上線使用不久即發生模仁成型底部開裂，開裂處恰巧是垂直尖角處，本案模仁尺寸約150x100x50一組，另有一套尚未使用，因害怕會發生同樣狀況，所以要求一並退火重工。本案客訴件並非本廠熱處理，廠商因為交貨時間急迫，因此在台中就近熱處理，因為先前和本廠配合熱處理已經近兩年，從未有因開裂提早下線之客訴，因此強烈質疑台中熱處理廠之工藝有瑕疵。

開裂原因分析：

經洛氏硬度測試已經下線之模仁硬度介於48~50HRC區間符合使用者規範，用肉眼觀察模仁底開裂處，由於成品幾何要求必須有90度角；也就是產出物之側邊與底部成90度當然在強度上是比較弱，會造成使用中開裂的原因，以先前經驗推演可能參數。

a.模仁預熱不足或冷模即重新生產。b.材料雜質太多如含硫磷超標。c.硬度過高。

　　本案經硬度測試皆在規範區間，材料雜質驗證必須截取試片送驗，但此法將破壞模具結構，模仁預熱溫度是否達到使用要求溫度？如何驗證可能有困難，因為模具製造者並非使用者，且本案客訴發起人是模具製造者。

改善對策：

　　模具廠要求先退火再進行熱處理重工，不建議退火重工，理由是：截至前述分析諸多疑點尚無法排除，若冒然進行退火重工等於瞎子摸象，首先模具上線時之溫度預熱無法求證，再就是材質分析必須破壞模具，才可進行金相及成分分析，在兩項重要參數不可得之情況，只有進行補強措施。

　　失效件再開裂處進行開溝→氬銲→應力消除回火580x4H→精修→上線，另一組尚未使用件一並用580℃x4H進行應力消除再上線使用。

　　結論：本案壓鑄模具上線使用不久即開裂，不能因熱處理廠換別家就質疑廠商，必須以科學數據做驗證，由於失效件還是堪用件，因此等模具在下線時，再進行驗證，前文論述僅提出影響開裂的可能原因及簡單的補強對策。

十二、可否用火焰進行局部硬化SKD11，後續再重新進行熱處理會有開裂的現象產生嗎？

案由背景詳述：

桃園某家汽車模具設計部門主管來電詢問：有一套已經加工完成的模具，材質是採用SKD11，因為應客戶要求必須急著試模打樣，因此來不及送熱處理，所以自行以火焰進行局部刀口硬化，待試模打樣完成，再送熱處理硬化，這當中是否對材質有影響？對於將來上線是否會產生變數？這位設計部門主管最擔心的是將來熱處理，是否會因先前用火焰硬化的局部刀口處產生開裂？再就是如何以火焰硬化達45HRC以上；才不會在試樣時傷及已成型好的模具刀口？

案由分析：

汽車模具經機械加工成型好，送熱處理前進行試模打樣，在汽車模具業界幾乎是常態，但大都是折彎抽引模，但本案是剪切口刀，由於應客戶要求，有時間壓力，必須在熱處理前先行試模，又擔心刀口鉚凹受損，以火焰硬化刀口是權宜之計，SKD11不是火焰硬化鋼，若以火焰硬化確實可以提高硬度，但不理想，容易產生硬度不均及微脫碳發生。

建議與對策：

以熔接用噴火器進行預熱，將整塊準備要火焰硬化之模具加熱至200℃~300℃區間，再進行刀口部份加熱至火色為橘紅色約950℃左右，採用移動式加熱，以每一分鐘

50mm之速度進行加熱，待加熱完成任其空冷，等冷至室溫即可，硬度約可達45HRC以上，絕對避免使用水、油進行淬火冷卻，易於引起淬火開裂問題，理由是SKD11是高碳合金空冷鋼不可淬水、油。按照前述作業中所述先預熱至200℃~300℃區間，可防止異形刀口，或刀口肉厚較薄處，因受熱不均而產生變形，更可能引發毛裂。若有按照前述作業規範進行火焰硬化處理，將來打樣試模完成，欲進行熱處理前，先行退火再進行淬火回火，對原來的材質沒有影響，硬度也可以達到預定要求，將來模具上線進行量產，不會有影響。

十三、為何粉碎刀上線使用不久即斷裂、有的則不會？是否有不斷裂又能提升使用壽命的方法

案由背景詳述：

桃園山腳某家資源回收公司，專門回收廢棄綿狀玻璃纖維再利用，該公司將回收之綿狀玻璃纖維投入圓桶狀之粉碎機，粉碎機之桶底裝配有一組四片的粉碎刀，經由馬達帶動，轉動初期這組粉碎刀是扮演攪拌的作用，此時的玻璃纖維還是綿狀，經由粉碎刀快速旋轉與玻璃纖維產生摩擦發熱，隨著旋轉時間的持續，玻璃纖維也由於高速摩擦而溫升至250℃左右，此時玻璃纖維由綿狀液化成年糕狀，此時，操作人員倒入常溫水，液化成年糕狀之玻璃纖維，因冷熱的瞬間變化引發不規則碎裂，此時繼續再轉動的粉碎刀，即將已碎裂的玻璃纖維粉碎成均一的小顆粒。

前述之案由背景說明是到該公司操作現場，經由負責人親自解說得知，但負責人質疑粉碎刀之材質不好或是熱處理製程不良造成部份刀具提早下線，因此要求協助改善，該公司負責人說：粉碎刀是由南部某製刀廠提供，材質有SKD11、SKD61、SK5三種，且目前尚有一批SK5材十五組不敢使用，問要如何改善？

失效原因分析：

　　經由資源回收公司負責人解說操作實況得知，粉碎刀在上線使用中必須承受初期拌料所需之扭力要求，及後續高溫沖水，冷熱溫差接續的粉碎玻璃纖維所需的耐磨耗要求，因此推演本案使用之鋼材必須符合高扭力、抗溫差、高耐磨要求。該公司負責人所說：粉碎刀可能是SKD11、SKD61、SK5這三種材質的一種，這麻煩可大了，因為每一種材質的特性截然不同，SKD11是冷作工具鋼，SK5是彈簧鋼，只有SKD61才是熱作工具鋼。

　　若是使用SKD11材，因是屬於冷作工具鋼，屬高碳、高鉻合金若是在耐磨耗訴求，SKD11是這三種材質的最佳，但本案須承受高溫至250℃及瞬間沖水及攪拌時的高扭力需求，將會使SKD11材脆裂，若是使用SK5材，因是使用在高彈力場合；可使用在冷間切紙板刀及汽車的避振器用途才是正確，且由於是屬高碳高錳合金鋼，但本案是必須承受高溫急冷及扭力需求，將易使SK5材因高溫引發硬度下降及嗆水可能引發的開裂。

　　SKD61材是屬於熱作工具鋼非常適合本案所需的高扭力、抗高溫及瞬間嗆水場合，但由於屬中碳鉻鉬合金鋼，耐磨耗則是三種鋼材最差的。

玻璃纖維在綿狀時是軟質，但是在高溫糊化後再嗆水會成硬塊，因而產生高硬度，且在高溫時會釋放酸氣，因此粉碎刀將承受酸氣侵蝕，及高溫、沖水、扭力等要求。

改善辦法：

經過前述的案由分析，適合本案需求的粉碎刀，必須是抗高扭力、抗高溫及高溫急冷，耐磨耗及抗酸蝕材，因此建議使用SKD61材，熱處理至52~56HRC之間，必須高溫500℃以上回火，因SKD61材之抗耐磨耗較差，因此將已熱處理之SKD61材再施以無白層氮化或金剛皮膜提高其表層硬度至70HRC以上，應該可以符合本案之特殊需求。

該公司負責人所說尚有十五組SK5材粉碎刀，經評估是不適合使用，但在新刀具未到之前得先應急使用，因此建議以高於使用溫度250℃以上之溫度進行回火，大約在380℃×2小時，硬度將會落在50~52HRC區間，再就是粉碎處理量必須減少，以避免因粉碎處理量大時的高扭力阻抗，所引發的斷裂，將用來沖水的水溫提升至25℃以上，更可以減少刀具斷裂的機率。

結論：刀具使用必先了解使用的環境因素，再依環境需求選擇適當的鋼材，才是上策。

十四、以SLD材當沖棒，沖製不銹鋼SUS304材，刀口會崩裂，如何改善？若改高速鋼SKH-55是否會改善

案由背景說明：

三重某家特殊鋼販售公司的經理來電說：他們公司所銷售的SLD材，製成尺寸約Ø25×60mm沖棒，沖壓SUS304材，坯料厚度約2.5mm，該沖棒上線使用不久即發現刀口崩裂，且沖棒從上線到刀口崩裂時間僅有數小時，因此必須經常更換沖棒，不但，成本增加且產出量也減少。經理將下線沖棒進行硬度測試發現，其硬度值達62~63HRC是否硬度過高才造成崩裂？經理提議若改用SKH-55之高速鋼是否可改善崩裂問題？

不良原因分析：

SLD材是日本HITACHI公司所生產的特殊鋼，等同於JIS的SKD11，據經理所述，不良品經硬度檢測達HRC62~63度之間，以本案沖棒尺寸的質量效應推演其淬火後硬度，也是這個硬度，再以經驗推演其接續之回火溫度約僅100℃至150℃區間，當在上線進行沖剪工程時，由於刀口與坯料因剪切擠壓易產生高溫，更易於讓刀口產生質變，且對手材是不銹鋼坯料厚度達2.5mm，更提高刀口溫升，加速刀口質變，因而產生脆裂。

改善建議：

若是要改善崩裂問題，只要將SLD材進行高溫回火可立即改善崩裂問題，但經高溫回火後之SLD材硬度將下降

至58~60HRC區間，對於剪切刀口因剪切瞬間溫升造成質變是可獲得立即改善，但因高溫回火至使硬度下降其耐磨摩壽命也會隨之下降。

另案經理提議改用SKH-55之高速鋼，當然可以，因為SKH-55材內含鎢6%及鈷5%對於抵抗沖剪引起的高溫絕對加分，但SKH-55材之脆性相當高，因此建議刀口以成型研磨加工，成斜面；其高低落差就是以坯料厚度的2.5mm，這就是沖壓界所謂的"剪刀剪切"，利用這方式可以分散剪切應力，降低崩裂的風險又可減低剪切噪音，以SKH-55材製成之沖棒硬度可要求65HRC。

結論：以SLD材沖剪SUS304之坯料且坯料厚度在2.5mm，其抗沖剪值相當高，若上下模間隙在小於5%的情況下，很容易提早下線，更易造成刀口溫升膨脹造成夾沖，演變成夾屑最終刀口崩裂，依本案情況論SLD較不宜使用在此場合。

十五、滾桶式粉碎刀，原先以SKD11製成，若改以SKD61或SAE4340其差異處為何

案由背景詳述：

高雄某家滾桶式分碎機製造公司的葛小姐來電詢問，先前以SKD11製成之粉碎刀硬度在53HRC裝置在滾桶機內，以廢木材為被加工物進行粉碎加工，一段時間過後在刀具的邊角處易產生開裂，且在開裂的同時碎片在桶內亂撞、飛彈，因而傷及其它刀且更造成二次破壞，原

設計是每個滾桶內置一組十八片的直立式粉碎刀尺寸約440x40x20mm，所以只要有刀具的開裂碎片崩落，立即造成嚴重損壞，當然也造成客訴。

不久前小姐在我們公司網站看到有關滾桶式粉碎刀應用不良之客訴處理分享類似案例，因而想將粉碎刀材質改為SKD61，或SAE4340但不知這兩種材質與原來的SKD11材的差異為何？

可能差異之影響分析：

本案粉碎刀原先是以SKD11製成硬度僅53HRC，其可能影響開裂原因，大致上來自於側向受力及可能的過多投料，超過負荷極限而引發開裂，更因開裂碎片崩落打壞其它刀具，因此改以SKD61材，或SAE4340材取代。首先以SKD11材和SKD61材做比較，SKD11材是高碳高合金冷作工具鋼，SKD61是中碳高合金熱作工具鋼，若是以SKD61材熱處理至53~55HRC雖然硬度稍高於SKD11原使用硬度53HRC其韌性將有兩倍以上的回饋對於抗開裂絕對加分，但耐磨耗會降低。若再以SKD11和SAE4340做比較，SAE4340材相當於日製的SNCM439，也就是工業界俗稱的藍十字，它是中碳低合金鋼含有鎳2%是一種高韌性高強度材，屬於構造用鋼，若以此材取代SKD11，將其熱處理至50~52HRC其韌性將有三倍以上的回饋，但耐磨耗會降低，且將比SKD61差。

綜合前所論述，若以本案防止開裂訴求，當以SAE4340最佳SKD61次之。以被加工性考量；也就是說比較好被加工成型的材質SAE4340優於SKD61，且材料價格

SAE4340比SKD61還要便宜很多。

結論：前面的論述僅是以理論推演，且因對手材是木材形狀未知，投料量參數也未知，和真實上線使用是否有落差，得進行實物印證，因此請葛小姐將SKD61及SAE4340各以少量打樣試用，待打樣品上線後再驗證結果，再以較佳韌性及耐磨耗材質，訂定下次量產指定材質。

後記：

有關SAE4340材，據我多年經驗並未有板材供應，再經向北部多家材料商查證確實無板材提供，因此再提議也可使用SUS420J2材當試樣品，其韌性相當好不亞於SKD61且耐磨耗勝過SKD61材，也有貴公司同業使用此種鋼材，且效果相當優良，又不易生銹。

十六、以YXM-4製成的沖棒、沖製不銹鋼圓形墊片，在短時間即因刀口崩裂而下線，問如何改善

案由背景詳述：

三重某家特殊鋼公司來電詢問，某家沖壓廠向公司購買日本日立金屬YXM-4之高速鋼材製成之沖棒，沖製以SUS316為材料的墊片，尺寸約外徑ø32厚度2mm，在極短時間沖棒即因刀口崩裂就提早下線，不但稼動率降低產量減少，也造成YXM-4沖棒損耗量過大，當然也增加生產成本，問可有立即改善對策？和將來較好的改善辦法？

不良原因分析：

本案產出物是以不銹鋼SUS316沖製成圓形墊片，厚度是2mm，坯料是不銹鋼SUS316材，屬於沃斯田體是不導磁材，內含Ni 14%、Cr 18%、Mo 2%，其抗沖剪值相當高且易沾粘刀口，簡單來講是硬又粘的對手材。YXM-4當沖棒，這是日本日立公司生產的鋼種，相當於是JIS SKH-55材，是屬於含高鎢及鈷5%的高速鋼，用在這種場合，在選材上是正確的，但為何在極短時間刀口易崩裂？

以經驗推演其可能造成崩裂參數為：

刀口面粗度過於粗糙造成夾屑，又因夾屑量累積更造成沖壓阻力加大，最終崩裂。

沖棒與下模間隙過小也是造成沖壓阻抗參數過大，更可能造成夾沖棒引發崩裂。

先前可能的刀口研磨過熱及刀口毛邊殘留。

改善辦法建議：

立即改善辦法建議：

將尚未使用的YXM-4沖棒進行刀口拋光至鏡面以防止沾粘，將刀口以成型研磨方式磨成斜面，其高低差恰巧是坯料的厚度；本案坯料厚度2mm其高低差就是2mm，可降低抗沖剪力量及降低沖壓噪音，研磨後的刀口毛邊必定得去除。最終改善辦法以日本日立金屬HAP-10之粉末高速鋼取代YXM-4材，硬度可提升至66HRC，仍然須拋光至鏡面，再以成型研磨方式將刀口研磨成斜面，上下模間隙必須大於6%；也就是說坯料厚度是2mm×6%等於單邊間隙是

0.12mm，一定可完全改善刀口崩裂問題。

結論：本案建議改用HAP-10取代YXM-4材之理由是，HAP-10材是粉末高速鋼，其韌性大於YXM-4材兩倍以上，在上線使用時，可承受因夾屑所引發的側向受力。本案不良主因在於夾屑造成，必須將沖棒拋光至鏡面，以降低粗糙度在Ra0.5以下，更須防止刀口斜面研磨過熱，研磨後的刀口必須以鑽石挫刀去除毛邊，可防止刀口微裂進而引發較大的崩裂。

十七、SKD61材如何避免上線使用後尺寸精度跑位

案由背景詳述：

五股某特殊鋼銷售公司的經理來訪，提出日前接獲一張客製訂單，材質指定SKD61尺寸210x210x4mm數量暫定2件，先打樣試用，若能在六個月上線使用中尺寸精度不會跑位，將來會有量產單。經理說：本案客戶要求重點是，將以SKD61材先行熱處理後，再進行精密鑽孔，孔徑約0.8mm，孔與孔的距離很接近，大約有200個孔，因本案有簽保密協定，不能圖示，也無法再說詳細，使用溫度約在100℃區間，客戶擔心將來製做完成的模具上線使用一段期間，孔徑與孔徑的間距跑位，這將造成產出物精度不良，因先前曾委外以SKD11材製成與本案相同模具，上線不久後即因精度跑位而下線，是否模具材質選擇不當？至於本案選用SKD61材是客戶決定，若以本案SKD61材要如

何防止上線使用後尺寸精度跑位。

可能失效原因分析：

經由背景詳述中得知本案客製訂單將使用SKD61材，仍導因於原先客戶是以SKD11材製成之模具，經使用一段時間發生精度跑位。就以原先SKD11材製成模具上線使用後發生精度跑位做論述：所謂的上線使用發生精度跑位，就是經年變寸，導致經年變寸的可能原因有，熱處理殘留應力、機加工殘留應力，及使用溫度影響，這三種參數將造成所謂的精度走位。

以經理所提供有限不良模具參數，推演其先前可能失效原因是，熱處理採用低溫回火，這將造成因上線使用必須承受100℃的高溫誘發殘留沃斯田體轉換成麻田散體，此時因基地組織變化牽動應力釋放帶動精度走位，又因低溫回火其殘留沃斯田體量約近30%和熱處理殘留的內應力的相互牽引，這應是影響經年變寸的重大參數。可能研磨採一次到位就進行後續的鑽孔加工，因研磨的加工應力也是造成經年變寸的參數，再就是接續的鑽孔加工也是一次到位，這也是影響參數。因本案有保密協定無法以實物進行檢測驗證，僅能以經驗推演其可能影響參數。

改善辦法：

以SKD11材為例：以中碳鋼250x250x25mm×2PCS為冶具將SKD11材210x210x4.5mm×10PCS挾持固定，每片SKD11必須沾上氧化鋁粉以防止高溫沾粘，熱處理參數是1050℃×120′淬火後拆開，去除模板上氧化鋁粉，同時將中碳冶具研磨平整，再重新挾持固定SKD11材進行低溫回火160℃×6H→超冷-190℃×6H→高溫回火510℃×6H×2次→冶具拆開→熱處理完成→平面粗研磨→細孔放電定位→應力消除回火→平面精研磨→鑽孔精加工→完成。

結論：

本案先前使用SKD11材因上線使用不久即發生精度跑位，導至提早下線的可能原因，依過去經驗推演為熱處理工序不當和接續的後加工程序不佳，造成數種內應力殘留，當在上線使用中由於這些內應力的釋放帶動尺寸精度跑位，若能按照改善辦法中以SKD11為例的熱處理工序參數，和接續的後加工程序參數，一定可避免應力殘留引發精度走位更導致提早下線。

本案客戶提議以SKD61取代原先的SKD11當然是可以，但得考慮兩種鋼材特性完全不同，以SKD61來論述，它是熱作工具鋼，使用在塑膠、壓鑄、鋁擠、熱鍛屬於中碳高金鋼，相對於SKD11是屬於冷作工具鋼，使用在沖壓折彎、抽引、剪切刀口，屬於高碳高合金鋼，以韌性做比較SKD61優於SKD11 3倍以上，以耐磨耗SKD11優於SKD61也有3倍以上，但在抗高溫SKD61優於SKD11。本案上線使用溫度100℃，SKD11材雖是冷作工具鋼，若經510℃高溫回火在100℃環境中還是可維持尺寸精度。若選擇使用SKD61材得留意它的優點也可能成為缺點，因被機加工性佳，因此容易造成機加工進刀量過大，造成加工變形和應力殘留，且熱處理的變形量大於SKD11一倍以上較不容易變形校正，又因本案要求尺寸是210×210×4mm非常薄更易於扭曲變形，若決定使用SKD61材預留研磨厚度須增加。

十八、為何SKD61材經真空熱處理後，有時會生鏽有時不會生鏽

案由背景詳述：

中國廣東某熱處理同業的經理來電詢問：客戶抱怨為何以SKD61材製成之模具經真空熱處理製程後，擺放一段時間，有的會生鏽有的不會生鏽，客戶質疑為何不同批處理有的生鏽有的不生鏽是製程隨意變更，更可能是偷工或不是用真空熱處理，若得不到滿意答覆將拒付貨款。問為何會有如此結果？將來如何防止？

不良原因分析：

SKD61材屬於熱作工具鋼，它是一定會生鏽的鋼材，只是時間早晚的問題，那為何擺放一段時間不會生鏽？以過去經驗理論推演本案，應是以真空爐進行淬火後再以介於100℃~210℃之溫度進行回火，此時的鋼材表面會產生一層氧化膜，若放置環境處於乾燥地方，也未經裸手接觸，數月也不會生鏽。若是經500℃以上高溫回火，此時鋼材的基地產生二次硬化轉換，由於轉換當中同時破壞表皮層的氧化膜，因此經真空爐淬火和500℃以上之高溫回的模具，早上交貨下午立即生鏽，若是以裸手接觸馬上生鏽，這是正常現象。

改善辦法：

理論上SKD61材大都使用在200℃~300℃的塑膠模具或熱間溫度在500℃以上的壓鑄、擠型、熱鍛模具一般都採用550℃以上的高溫回火，為了避免生銹的唯一辦法只有用真空PE膜封裝或噴防銹油，若是特殊用途採低溫回火方式，應避免下雨天運送，若無法當天交貨應放置在有除濕裝置的地方，避免裸手與汗水接觸。

結論：SKD61材是熱作工具鋼非不銹鋼因此當然會生銹，應該教育客戶這是必然現象，至於本案同業提出的問題，推演其製程應是採低溫回火，這對於不管是塑膠模具或壓鑄、熱鍛、擠型用途場合，屬於不適當製程，將來上線使用模具承受不了高溫，將由於熱效應引發熱振盪龜裂和變寸及硬度、強度降低，嚴重時會導致變形、變寸甚至於開裂，最終是使用壽命不足，因而提早下線。

十九、為何SKH-9材之圓棒先行應力消除，以階段式預熱至淬火溫度，再以麻淬火方式進行階段冷卻淬火，變形太大而報廢，是何種原因形成

案由背景詳述：

新北市某熱處理同業負責人來電詢問，日前接獲一批以SKH-9材製成之B沖圓棒，尺寸ø3×70mm×1批，硬度要求63HRC，是以鹽液爐進行熱處理製程，熱處理條件是，先將B沖圓棒各別一根根插入網狀治具，任其保持垂直，

先施以600℃×60'應力消除，再進入階段式預熱550℃×10'、850℃×10'、1020℃×20'、1160℃×30"，淬入530℃×5'空冷，接續進行550℃×60'，製程結束後，用肉眼檢視每支圓棒變形量全超過2mm，因變形量超過容許公差甚鉅，因此整批報廢，也因此招致客訴，同業負責人質疑材質的問題，但又說不出原因為何？因先前曾用相同熱處理參數，處理過同一家客戶的相同材質相同尺寸，變形量全在容許公差大約在0.2mm以內。

問變形量為何超過正常值10倍，其可能影響變形量如此大的原因何在？

造成不良的可能影響分析，依據同業負責人口述之熱處理參數，以先前經驗推演不應該有如此巨大之變異量，理由是，本案不良品在淬火前已先行600℃應力消除，且淬火溫度是以低標進行，一般的淬火溫度大約在1100℃~1210℃，預熱是採階段式，淬火液是530℃的鹽液淬火，也就是麻淬火，因此研判熱處理參數無誤。

以先前曾發生相同變異量如此巨大的案例進行推演，曾有客戶向進口商購買ø6mm之SKH材捲料，先進行冷間抽引至ø4.5mm，再進行定尺切斷、打頭成型，也是經本案，案由背景詳述中之製程進行熱處理，結果變形量也是如此大，也因而全數報廢，後來經過追蹤詢問，才知熱處理前已實施冷間抽引加工。

問客戶為何購買ø6mm之SKH材捲料，客戶回答是，訂單中有ø6mm圓棒需求，也有ø4.5mm需求，因此採購ø6mm捲料可承接較小徑之訂單。曾以ø6mm捲料之未經冷間抽引材，直接定尺切斷、打頭成型，尺寸是ø6x80mm，也是以相同熱處理參數進行變形量僅0.05mm。因此由前述之過去經驗推演，造成本案失效的主因，應是SKH材捲料經冷間抽引造成加工硬化及巨大內應力殘留導致變形量超過容許公差，雖然在淬火前先行實施600℃應力消除，還是無法改善變形量。

改善辦法：

經冷間抽引之SKH材必須經球化退火處理或完全退火處理，方可進行接續製程，否則當加工應力釋放時，不但會造成應力變形，也可能引發應力破裂危險。

結論：熱處理同業必須向客戶求證，本案不良件的先前加工履歷到底如何？是否如我前述之經驗推演？請客戶必須老實說！本案客戶若是堅持不吐實，即使換再多的熱處理廠也無法將變形量控制在容許公差內。

二十、SKD11材之薄板片在進行加工時產生加工變形，問如何預防加工變形

案由背景詳述：

新北市五股某家特殊鋼公司的經理，帶來一件以SKD11薄板製成的電子零件模具，尺寸200mmx200mmx2.5mm，硬度要求≧40HRC，平面度要求0.02mm，先前製程是，SKD11薄板→淬火→回火→平面研磨→機加工鑽孔→粒狀成型雕刻→完成，經平面度檢測，平坦度0.12mm，超過容許公差甚巨，因此報廢；曾經試作

多件變形量也是超過預期。

經理表示，本案是客戶新接定單，定單來自知名電子公司，將來需求量相當大，據客戶從電子公司內部得知消息是，本案原先是以不銹鋼薄板為基材，經鑽孔→粒狀成型蝕刻→完成，平坦度OK，由於加工成本過高及上線壽命不佳，因此委外尋求低加工成本及高使用壽命的模具，本案屬新開發件，還在打樣階段，截至目前先前打樣已有數件，全部超出容許公差，問是否加工方法或程序不良？還是材質選擇不當？

不良原因分析：

本案電子零件模具屬新開發之打樣件，依照經理陳述之加工參數及尺寸要求，研判，造成變形量超過容許公差，應該是過大的加工應力引起變形，從加工製程中推演最可能造成加工應力過大的製程，應屬研磨加工，假若是砂輪選擇不當，進刀量過大或砂輪沾屑，都可能引起應力變形。機加工的鑽孔是單點切削，較不易引起加工應力。粒狀成型雕刻也是單點切削，引發的加工應力較小，因此推演過大加工應力是來自研磨加工。當在進行研磨加工時，必須將被加工件放在研磨機吸盤上，以本案厚度僅2.5mm和面積200mm×200mm，放置在吸盤上，進行吸磁、鬆開、翻面，就會因吸磁引發應力變形，因此更大膽推演變形是來自研磨加工。

改善辦法及建議：

若還是以SKD11為基材，當在進行研磨加工時，不可使用吸磁機，必須利用治具夾持固定，以防止滑動彈飛，砂輪改以CBN砂輪，首先以砂輪粒度60#~100#進行研磨，進刀量小於0.005mm，再以砂輪粒度300#~400#進行研磨，進刀量小於0.002mm。建議選用日本日立公司生產的調質鋼FDAC材，這種材質已預硬致40~43HRC，剛好符合本案硬度要求，它雖然擁有如此高硬度，由於已添加快削元素，因此對於切削阻抗影響較小，以本案實寸是200mm×200mm×2.5mm，因此取材是200mm×200mm×3.1mm，厚度預留0.6mm，先進行500℃~600℃×3H應力消除，再進行後續製程，在進行研磨製程時切記不可使用吸磁機。

FDAC材被加工阻抗較小和不需熱處理是它的最大優點，但因添加快削元素，因此在耐磨耗及強度的表現則較差，建議可採用本公司專利真空無白層氮化製程，強化其表面硬度HV0.3達1000，以利提高使用壽命。

結論：本案開發件失效主因，在於研磨工藝技術不良，因此，應從改善研磨製程設定着手。研磨是多點切削，並非磨擦，所以保持砂輪清淨是最大課題，沾屑的砂輪沒有切削能力，易造成研磨燒着和瞬間高溫，同時引發應力釋放，再加上吸盤吸磁應力的推波助瀾，變形量絕對無法掌控。

二十一、為何SKD11材製成之沖壓模板，經淬硬後，以鎯頭稍微敲擊，即凹陷，問是何種原因產生

案由背景詳述：

新北市三重某家特殊鋼公司的經理來電詢問，有家直接用戶，向他們公司購買一批SKD11材，尺寸長寬250mm×450mm，厚度25mm、30mm、40mm、60mm不等合計二十件，經機加工的鑽孔、攻牙後，送熱處理硬化，回廠後再經平面研磨，接續進行線切割加工再進行組模，最後上線進行沖壓，在極短時間即發現產出物起毛邊，將模具拆下檢視，在刀口處已發生異常磨耗和鉚凹。客戶以鎯頭敲擊模面中心，立即發生鉚凹，客戶再以同樣的力道敲擊先前使用過的舊模具，卻沒有鉚凹發生，因此認定是材料或熱處理製程出問題，因此提出，若是那一方出問題必須承擔所有費用。

經理將不良模具帶回，經硬度測試還是有58HRC，是介於客戶硬度要求58~60HRC的下限，是在可接受範圍，那為何模具在極短時間即產生磨耗？又為何舊模具以鎯頭敲擊不會鉚凹？本案不良模具以鎯頭敲擊即產生鉚凹？到底問題出在那裏？是材質問題還是熱處理製程出問題？

不良原因分析：

本案不良品並未說明厚度尺寸，依李經理描述推演應是沖壓模具之下模，硬度經測試還是在標準值範圍，為何模具刀口在短時間內即發生鉚凹，產出物起毛邊問題？以

過去經驗推演，引起提早起毛邊的參數是：模具硬度不足、上下模間隙過大，刀口端面粗度不佳，以上三種原因都會讓產出物起毛邊。因為沒有實物檢測無法做出驗證。

　　為何硬度實測值58HRC以鎯頭敲擊即刻產生鉚凹？如此的檢測方式，實在不夠科學，因為以人手搥擊的力道根本無法控制，若是以此方式檢測模具的硬度強度，再以此法搥擊先前舊模具比對硬度及強度差異性，以此法下定論對於對應當事人確實有失公允，也無法令人信服。不過以熱處理專業角度切入，為何硬度值在公差內，但抗壓縮強度不同，也就是在相同硬度下，抗壓縮產生差異；等同於抗鉚凹效果不同，倒是可以熱處理製程進行改善。

改善辦法：

　　針對SKD11材以不同熱處理製程達到同樣硬度，卻有不同的抗鉚凹效果做經驗推演。SKD11材可提高淬火溫度或加快冷卻率皆可達到硬度相同，抗壓縮強度確實可提升。

　　比方說SKD11材以1060℃氣淬再施予540℃回火得58HRC，若是以1030℃氣淬再施予510℃回火得58HRC，但抗鉚效果1060℃淬火效果較佳。若是以1030℃淬油再施予540℃回火得HRC58度，相較於1030℃氣淬回火510℃得58HRC，其抗鉚凹效果油淬效果較佳。建議可使用1060℃氣淬再施予510℃回火可得62HRC或1030℃淬油再施予510℃回火可得62HRC，以上兩種製程皆可提昇抗鉚凹及模具上線使用壽命。

結論：本案客訴中客戶以鎯頭拋擊模板，驗證模具材質或熱處理製程是否缺失？此舉不科學也不公允，因此不足採信，致於客戶的疑慮必須以實物進行儀器檢驗，方可下結論。本案僅能以為何兩塊新舊材，在相同硬度下會有不同抗壓縮強度及抗耐磨耗？以熱處理製程，進行經驗推演論訴。

二十二、為何以SKH-9材製成異形沖棒在沖壓進行中，發生刀口成小塊屑屑崩落？如何改善

案由背景詳述：

新北市三重某家特殊鋼公司的經理來電詢問，有一家他的直接用戶向他們公司購買一塊SKH-9材之沖頭料，尺寸50×200×200，經熱處理後得63HRC，再經線切割成異形沖棒，上線沖剪5mm的光面鐵板，但上線不久，即因刀口成小細屑崩落，造成產出物起毛邊；不符尺寸規格要求，不但造成延遲交貨，也造成必須經常更換異形沖棒，生產成本也因而架高。問到底問題出在那裏？如何改善？經理提出，若是沖湃材質改成粉末高速鋼是否可改善？

不良原因分析：

在沖壓製程進行當中，異形沖棒刀口端，以小碎屑般崩落，以經驗推演可能原因有，上下模間隙太小，刀口端面粗度過大，異形沖棒硬度太硬，本案僅是以電話通聯告知狀況結果，並無實物可驗證，前述所推演出的假設問

題，就以間隙和沖棒硬度關係做論述，若間隙小，硬度必須降低，間隙大，硬度可以提高，這關係到沖剪阻抗，一般正常間隙是坯料厚度的百分之五，以本案為例坯料5mm×5%，合理單邊間隙是0.25mm，這關係到壓應力，也影響到可能的刀口崩裂問題。

可能的改善辦法：

改善異形沖棒刀口端面粗度，當線切割加工製程結束後，必須去除線切割殘留放電白層，一般深度約0.015mm~0.020mm再接續進行拋光。拋光結束後刀口必須去除毛邊，方可上線使用。

上下模間隙必須加大，若是以正常值坯料的5%，其拉斷面是2/3，相對的切斷面是1/3，考慮是否客戶允收容許公差可放寬？若是可放寬，以本案坯料5mm建議間隙以6%，應可改善刀口碎屑崩裂。將原先63HRC調降至61HRC。

結論：本案SKH-9材製成異形沖棒，在上線中，刀口成屑碎般崩落的形成原因，因無實物可驗證，因此僅能以過去經驗推演可能的成因及相對應的改善辦法。經理提議以粉末高速鋼取代SKH-9材，這是非常好的建議，因為粉末高速鋼是無方向性，結晶顆粒非常細緻，因而在高韌性及抗崩裂要求場合，絕對可展現其特性，但前提是，前述建議改善辦法還是必須先做到，才可能發揮粉末高速鋼的特質。

二十三、為何預硬鋼經回火後，硬度分佈還是不均勻？又為何回火硬度下降走勢與先前回火經驗完全不同

案由背景詳述：

北部某家材料進口商送來兩件P20預硬塑膜鋼，要求利用回火將硬度調降至30±2HRC，理由是，原素材硬度太高，直接用戶不易機加工。本案工作物尺寸200mm×450mm×450mm，原來硬度32~36HRC呈不均勻分佈。

實際操作： 假設原製造廠是以淬火，回火進行調質處理，但是無法推演其淬火溫度到底是幾度？因此以較保守的質量效應考量設定以580℃×10H回火→空冷，結果得值32~36HRC；等於回火無效。再以610℃×12H回火→空冷，得值28~31HRC，符合硬度要求公差。

交叉比對： 先前實際經驗，尺寸25mm×100mm×100mm，850℃×30'淬入160℃溫液，580℃×2H回火，硬度HRC30度。比較本案以580℃×10H回火還是無法降低硬度，以熱處理製程及質量效應推演，合理質疑本案個件並沒有進行淬火、回火處理，很可能是在高溫進行熱鍛成型後，即任其在空氣中冷卻，相當於正常化組織。為何本案預硬鋼經回火後，硬度分佈不均勻？可能產生的原因應是肉厚塊在冷卻時，邊緣較快冷卻，心部冷卻較慢，因而造成硬度不均；在冷卻較快的邊緣硬度較硬、心部則較軟，實際上，在未回火前，以蕭氏硬度機測試的結果即是如此；邊緣

36HRC中心位置32HRC。本案雖經第一次回火580℃×10H硬度不變，第二次再以610℃×12H回火，硬度雖降下來，但是邊緣硬度還是高於心部，由此更可驗證為質量效應造成冷卻時間差，也連帶影響邊緣硬度與心部硬度差異，雖經回火二次也無法改善。

為何回火硬度下降走勢與先前回火經驗不同？在交叉比對中所推演，本案並非是淬火回火材即可能是熱鍛成型後任其空冷，所形成的正常化組織，因而，無法以慣例之回火曲線，預算出正確硬度所需回火時間與溫度。

結論：依前述的推演，應可判定本案素材，製造商僅是將鋼坯鍛打成型後，任其空冷，此時基地中的鐵碳會部分析出在晶界，產生Fe_3C；也就是雪明碳體，不但形成高硬度，不易被機加工，也可能被誤判為已淬火、回火處理（已調質）。因為形成高硬度，不易被加工，因此必須施予回火降低硬度，因為不是淬火回火組織，當然無法以正常回火曲線預算出適當的回火溫度、時間交叉點。正常的調質處理也是會有邊緣硬度與心部硬度落差，況且本案若是推演屬實，正常化組織的硬度分佈差異更大。本案僅是代工回火處理，無法取得試片做驗證，若是日後機加工餘料可取得，當可以金相比對，淬火+高溫回火組織基地是麻氏體，正常化組織則是混合組織和析出在晶界網狀Fe3C。

二十四、為何以SKD11製成之刀具，上線不久，即因刀口大面積開裂而提早下線

案由背景詳述：

本公司接獲新北市新莊某機加工廠老闆詢問，為何以SKD11製成之刀具上線使用後不久，在刀口端即發生大面積開裂而提早下線？機加工廠老闆表示：本案客製訂單是十件，目前上線是四件已全部開裂，其餘六件未上線，客戶因不良而不敢再使用，全數退回至機加工廠。機加工廠老闆質疑：為何本案硬度要求僅HRC48~50，如此低的硬度要求為何上線使用還是一上線即開裂？是否材質不佳？或熱處理製程不良？

不良原因分析：

本案不良品經肉眼審視，尺寸400mm×150mm×60mm每片刀具平面上端各鑽有約ø25mm四個，穿透孔，依先前經驗判定，應是廢五金破碎刀。以肉眼觀察刀口開裂處，呈大面積片剝離，研判在剪切瞬間，刀口無法承受過大的抗衝剪質；也就是刀口在剪切瞬間遭受過負載衝剪應力，導致刀口呈大面積開裂；因此推演，應是，被破碎的廢五金當中含有高硬度或高厚度材，例如：廢冰箱、冷氣的壓縮機、或廢棄馬達。經洛氏硬度機檢測，不良件硬度僅47HRC比硬度要求還低。依過去經驗及目前業界破碎刀材質選用概況，推演本案選用SKD11材製成破碎刀，是特例；也是特案。

改善辦法及建議：

立即改善辦法：破碎刀可兩面使用，目前雖一端刀口開裂，另一面尚可使用，因此將已上線使用之不良品和另六件未使用品取回，利用回火將硬度降低，以提高韌性，可減低開裂可能。建議硬度調降至45HRC以下。廢五金投入破碎機之前，必須先篩選出超硬、超厚件，可預防刀口大面積開裂。

將來改善辦法：

建議使用SNCM220材，經機加工後，再進行有效滲碳深度2.5mm以上之滲碳處理，可使用在超重切削場合，此法表面硬度達58~60HRC、心部硬度28~30HRC。或選用SKD61材，經機加工後，再進行熱處理至52~54HRC，雖然硬度比原先SKD11，47HRC還高許多，但韌性和抗開裂比SKD11材好三倍以上，原因是SKD61材含碳量僅SKD11的1/4。

結論：本案不良原因是，用戶選材不當，並非是熱處理製程不良，也非SKD11材之材質不佳。改善辦法及建議中所述，若是使用SNCM220材再進行2.5mm滲碳，此法在30年前就有破碎刀先進使用，且是非常成功案例，但材質取得不易，且滲碳深度大於2.5mm要求，滲碳單價非常高，得考慮材料取得及熱處理成本。若是採用SKD61材，比較容易取得，且馬上可以驗證它的韌性及抗開裂特質。

二十五、以SKD11製成之圓形冷成型模具，上線使用不久，即因擴孔而提早下線或是因開裂而報廢，問可有改善辦法

案由背景詳述：

新莊某客戶來電詢問：以SKD11材製成之圓形冷成型模具數件，尺寸外ø180內ø60x180mm，以廢棄鋼材研磨屑為被加工材，將這些被加工材裝填入冷成型模具內，利用油泵機的高壓，將被加工材擠壓成錠，但上線不久，即因模具的內孔無法承受高壓推擠，部份模具產生內孔脹大，另部份模具產生開裂。客戶表示：模具的公模與母模間隙是單邊0.05mm，模具並沒有內導柱。先前曾以鎢鋼製成相同尺寸模具試用，結果上線不久即因開裂而下線，本案是新開發案，問是否有改善辦法？

不良品原因分析：

模具內孔無法承受高壓推擠形成內孔脹大，以過去經驗推演，應是模具基地的抗壓縮強度，無法承受擠壓力量，產生永久塑性變形；簡單說，就是模具基地強度不夠。本案僅以電話通聯，並無實體模具提供檢驗，若是硬度不足或基地組織固溶不佳，都會減弱抗壓縮強度。部份模具開裂的原因，以過去經驗推演，當投料進母模內孔後，公模下降進行擠壓，若是真直度不佳，又因本案並無內導柱，當擠壓進行時，坯料受擠壓反彈後坐力，致使公母承受側向受力；也就是下降擠壓力偏移，造成母模受力不均，當然引發開裂。先前曾以鎢鋼製成母模，但上線不

久即開裂。以過去經驗推演可能原因有，母模肉厚太薄，再就是公母模作動真直度跑位，引起側向受力，以上都可能引起開裂。

改善辦法：

依客戶所述：以SKD11製成的母模會產生內徑擴大或開裂等問題，以鎢鋼製成母模則上線即開裂。建議，不管是選用何種材質當母模，必須增設模座固定上下模，以輔助道柱導引、導正，避免上下模在作動時，因壓力的反作用引發側向受力，所導致的開裂。

建議以SKH-55材取代SKD11材，因為，SKH-55材內含鎢、鈷合金，對於抗壓縮強度提升，比SKD11好很多，在抗開裂訴求也比鎢鋼好。若客戶因成本考量，不增設模座，只有再延用SKD11材，但熱處理條件必須改變，建議特殊熱處理條件是：1080℃淬火510℃回火，此法可提高抗壓縮強度，延緩母模內徑擴大時間。

結論：本案失效主因，在於客戶可能是成本考量或便宜行事，並未使用模座及利用模座內之導柱、導引上下模作動，致使下模在受力不均下，產生開裂。SKD11材是高碳、高鉻鋼屬於冷作工具鋼，本案雖是冷間成型，但是在作動時，由於擠壓引起高壓溫升，SKD11材在此種場合是無法承受，因此，不建議繼續使用SKD11材。

二十六、SLD材經熱處理後，竟然產生導磁力喪失，原因為何？如何改善？

案由背景詳述：

新北市某特殊鋼公司經理來電詢問：不久前販售一批SLD材，尺寸30mm×50mmL，數量200PCS，客戶將這批胚料委外進行熱處理，回廠後，將胚料上研磨機進行端面研磨，胚料在研磨機啟動的瞬間，只要被砂輪接觸的各件，不是跑位，就是飛離研磨機的磁盤枱，因此，差點造成人員受傷，後來發現，整批胚料幾乎無法牢靠的被吸磁在研磨機枱上，再以磁鐵進行導磁測試，更發現所有各件導磁力非常弱。

客戶強烈質疑，若不是材料不佳？就是材質不對？特殊鋼公司經理表示：相同批次相同尺寸的材質，銷售給其它直接用戶，並無前述問題，且經再比對材質進口證明無誤，另外，再取一試片至檢驗單位進行材質分析，結果確定材質無誤，問成因為何？如何改善？

可能不良原因分析：

所謂SLD材，就是日本HITACHI公司所生產的鋼材編號，相當於JIS的SKD11材。本案僅電話通聯，並無實物可進行科學驗證，僅能以過去經驗進行可能原因推演。SLD材經熱處理製程結束後，發生吸磁不住的可能原因為：超溫淬火所引起的晶粒粗大及殘留沃斯田體過量。在業界造成此原因的狀況有二種，一是：在進行沃斯田體化加熱時，加熱爐超溫。另一種原因是，操作誤置，也就是，將

SKD11材當作高速鋼進行淬火，以上兩種原因，不但造成導磁力嚴重下降，也造成淬火件硬度嚴重不足。

改善辦法及建議：

將全數不良品進行完全退火，建議製程是，860℃×2H爐冷。再進行淬火、回火，建議製程是，1030℃×60'淬火，510℃×3H回火，硬度可達59±10HRC，淬火時儘量避免工件堆疊。

結論： 從本案客訴發現，熱處理同業對於熱處理之製程管控，出了嚴重大漏洞，連最基本的硬度檢測都沒有落實，因為，只要導磁力下降硬度必然不足，可從硬度不足，從而回溯找到問題發生的源頭，到底是加熱爐超溫？或是操作誤置？這也顯露出同業對手，對於車間的爐具管理及操作管理過於鬆散，若是如此，本案應非個案，以後，更有工安事件發生的可能。本案可能不良原因的主因，應是，同業對手的車間管理疏失造成，這是一個，非常不好的錯誤示範，值得警惕。

二十七、SKH-9材之圓棒硬度要求僅59HRC，為何經熱處理製程後，不但變形量很大，且易碎斷，原因為何？如何改善？

案由背景詳述：

新北市某特殊鋼公司經理，帶來數支以SKH-9材製成，有沙拉頭之圓棒，尺寸約ø3×180mm沙拉頭ø5mm，硬度要求59±1HRC，用途是塑模零件。本案是客戶向特殊鋼公司購買素材，經機加工後，委外熱處理，回廠後檢視這些圓棒，發現每一支都變形彎曲，多數幾乎無法以手工校正，因而必須報廢。客戶將圓棒不良品以手提式砂輪機磨一平面，在以洛氏硬度機測試，得值57HRC，但以雙手執圓棒兩端進行彈性測試，卻立即斷成兩截，問硬度還達不到硬度要求之低標，為何脆性如此高？又為何變形彎曲如此嚴重？原因為何？如何改善？

不良原因分析：

從不良品的變形及彎曲度觀察，再以先前經驗推演，造成本案不良原因應是，進行淬火時使用不適當治具，或根本沒用治具，又加上淬火冷卻速度過快造成。

圓棒的硬度測試在洛氏硬度規範中明訂，圓徑小於6mm不可以HRC測試；理由是，當在進行測試時，由於HRC荷重是150kg，又加上鑽石壓子在壓入圓棒時，無法全面壓入也易於跑位，因此，不允許。本案客戶以HRC進行圓徑3mm測試，其得值絕對是不正確。

經Micro Vickers硬度機測試，得值1000HV1等於64HRC，也因此得知，為何以手握圓棒兩端可輕易折斷個件，實測值與客戶測試值落差HRC7度。因此，以過去經驗推演，本案圓棒熱處理溫度應≧1180℃，持溫時間又太長，更合理推演本案圓棒，是以並爐的方式和其它肉厚較大之工件一起處理；不但淬火溫度太高，保溫時間也太長，這不但是變形彎曲的影響參數，也是易碎斷的主因。

改善辦法建議：

須採用特規治具，以懸掛放式一支支懸空隔開，可卻保減低變形彎曲；更可確保均溫性及縮短持溫時間。考量尺寸極小，因此，必須以專爐進行淬火，降低淬火溫度，縮短持溫時間，降低冷卻速率，更可減少彎曲變形。

結論： 本案客訴脆斷原因，應是熱處理製程參數不佳，變形彎曲是使用不適當治具，也可能是熱處理廠的操作人員便宜行事；將治具省了！

客戶端以洛氏硬度機，進行ø3mm圓棒硬度測試，造成硬度誤判，這是非常嚴重的專業知識不足，若是以此方法做為驗收標準，將來完成品上線，有立即下線的危險，且客訴及退貨將沒完沒了。

二十八、以SKD61材製成之切刀經熱處理後，在長度方向，竟然縮短2.5mm，原因為何？如何再讓它長回原來尺寸？

案由背景詳述：

桃園某材料進口商業務主管來電告知，數月前承接某刀具商訂製一批切刀訂單，用途是資源回收，材質指定SKD61，硬度HRC52度，尺寸約55x120x650mm，在長度方向設有類腰子形圓孔約ø50mm×3個，等距分佈在長度方向，刀具是四支一組，合計十數組。取素材經委外機加工成前述之訂單尺寸，再委請桃園某熱處理同業進行調質，回廠後，在進行平面研磨前的尺寸檢查，卻發現所有半成品切刀，不但在長度方向嚴重縮寸約2.5mm，而且在腰子形圓孔也嚴重縮孔且孔徑全跑位。這等於宣告這批切刀報廢，質問同業熱處理縮寸原因為何？答覆是：材質密度不佳。到底造成熱處理縮寸的原因為何？這批不良品可有辦法回復到原來尺寸嗎？

可能不良原因分析：

以先前經驗推演造成嚴重熱處理縮寸有兩種可能原因。本案切刀的長度是650mm厚度55mm，若是在取板材備料時，是選用寬度650mm以上素材，必定得橫切，此時，切刀的長度方向與板材壓延方向成交叉，也就外界所稱：斷絲向。

這種斷絲向取材方式，將來進行熱處理淬火，必定會引起嚴重縮寸問題。若是將不良品切刀，以綫切割取下一塊試片，進行Microscopy判讀，答案立即揭曉。淬火冷卻時的冷卻介質，是決定漲寸或縮寸的重要關鍵。理論上或實際經驗，若是以空冷進行淬火、回火，在長度方向絕對是漲長，寬度方向變異不大，但本案卻是嚴重縮寸，因此，大膽推演，應是以油進行淬火，才會造成如此大的縮寸。假設，材料商在取材裁切，是以寬板橫切，也就是前述所提，「斷絲向」取材，又加上，熱處理採用油淬火冷卻，結果必定是嚴重縮寸。

改善辦法及建議：

在備料取材時，長度方向必須與壓延方向相同；就本案料寬120mm來說，就是取胚料寬120mm左右之板材進行橫切。淬火介質改空冷，若是，鹽液爐則以麻淬火進行。若是，真空爐則以氮氣進行淬火。已經縮寸之不良品，先行退火後再進行，鹽液爐麻淬火或真空爐氮氣淬火。若是「斷絲向」取材之切刀，必定可長回原尺寸。若是經上述的方法進行重工，倘無法回復原尺寸，更可驗證當初取料是斷絲向。

結論：熱處理同業所說：材料密度不佳，指的應該是鍛打比，若是鍛打比不佳也會影響變寸參數，但絕非是唯一參數，本案客訴不良原因，除了淬火介質選擇不適當，可能備料裁切採用斷絲向取材。顯然以上兩個可能原因，都顯露出材料進口商與熱處理同業，對於熱作工具鋼經不同熱處理製程參數，會產生可能的尺寸變異，並未有變寸預留考量，這才是本案真正客訴主因。

二十九、以SKD61材製成之頂針，熱處理至52HRC再經氮化處理後，在頂針後端的沙拉頭進行退火軟化，有此必要嗎？此工序可以免除又不會影響使用壽命的方法為何？本案頂針直徑3mm，硬度要求僅52HRC，為何多家供應商的成品硬度，不但不均勻，且有的達不到硬度低標，原因為何？

案由背景詳述：

新北市某專門製造半導體模具廠的經理，來廠詢問：日前向多家頂針製造商各別訂購，SKD61材頂針，尺寸：

ø3×150mm，要求規範是：熱處理至52HRC、表層氮化、頂針後端沙拉頭必須退火至40HRC以下。

經理表示，多家頂針製造商所供應的頂針，經品管檢測，硬度都不均勻，甚至於有的達不到硬度低標，在沙拉頭處有的呈藍色，有的呈黑褐色，各家都不一樣，因此，都遭銷貨退回，經理擔心品質有問題，問：到底硬度不均和硬度不足如何產生？沙拉頭顏色不同又是如何產生？頂針沙拉頭可以不用退火軟化嗎？將來是否影響上線使用壽命？

不良原因及疑點分析：

SKD61材是屬於熱作工具鋼，含中碳高合金材，不但硬化能佳，且韌性及抗折力相當優良，本案頂針零件尺寸僅ø3×150mm，在理論上及實物上，絕不可能有硬度不均勻現象產生。在洛氏硬度機的規範中，ø徑小於6mm之圓柱體不適用洛氏硬度機測試，因此，推演所謂的硬度不均勻現象，應該是，硬度測試者不知道有此規範，用錯硬度測試設備。

在沙拉頭進行退火處理，有的個件着藍色，有的着褐色的原因是：以經驗推演着藍色個件，應是以高週波進行瞬間加熱退火，冷卻時工件表面產生氧化着色。着褐色個件，應是以火焰緩慢加熱至紅熱狀態，冷卻時個件表面產生氧化着色。

從經理帶來的個件觀察，頂針體與沙拉頭交界處呈清角，所謂清角就是角度是九十度且插溝，如此設計之沙拉頭，退火處理製程絕對不能省，因為容易產生應力集中，引起脆斷。

改善辦法及建議：

依本案個件ø徑尺寸僅3mm，建議採用HV0.3進行硬度檢驗。頂針體與沙拉頭交界處，若能改成小R角，不過，前提得經原設計者或使用者同意，如此的話，就不須要進行沙拉頭退火及製程所衍生的着色問題，SKD61材本就是延展性相當優良的鋼種，可忍受較大側向受力，本案頂針實際上運作僅是上下滑動，因此，假設能改成R角，上線使用應不會有斷裂問題。

結論：從本案不良原因疑點觀察發現，本案客訴發起人和發起單位的主管，對於硬度機的使用規範以及材料特性和熱處理相關知識，幾乎是一竅不通，因此，建議本案經理在適當時間，安排專家或達人到公司，向相關人員講解這些必要具備的專業知識。

三十、高速鋼圓棒刀具，以單端麻淬火，為何未淬火端與淬火端硬度相差超過45HRC，原因為何？如何改善？

案由背景詳述：

台北市某專營高速鋼公司的經理來廠詢問：數月前銷售一大批SKH-9材直徑ø13mm×3M，至新竹一家專營高速鋼切削刀具製造廠，經該客戶以機加工成ø13×150mm長之特規專用刀具，數量不詳，在總長150mm的一端，以專用機成形為切削刀口，另一端以車床加工成螺牙，螺牙總長ø13×70mm，因為螺牙的功能是固定刀具，因此，不許硬度過高，硬度要求：螺牙端45±3HRC，刀口端62±1HRC。

客戶將特規專用刀具加工完成，數量不詳，以廠內自設之鹽液爐進行熱處理，淬火採單端刀口麻淬火，製程結束後，以硬度檢測，刀口端62HRC，螺牙尾端16HRC，總長中心處35HRC，因此，質疑材質不良？

高速鋼公司經理要不到客戶的熱處理參數，因此，懷疑可能是熱處理製程環節不當造成？到底造成刀口端與螺牙端硬度落差超過45HRC的原因為何？如何改善？

可能不良原因分析：

刀口端硬度要求62±1HRC，以過去經驗推演可能之淬火參數是：530℃X30'→850℃×15'→1050℃×15'→1150℃×130"→刀口端淬入530℃×5'→空冷，可得硬度值：刀口端62±1HRC，總長中心處50~55HRC度，螺牙端40~45HRC。因此，以過去經驗參數，推演本案工件螺牙端僅16HRC，總長中心處35HRC的可能成因是。在A_3稍上方之固溶時間不足；也就是1050℃這階段的持熱時間不夠，才會照成硬度值與預期落差太大。

至於，螺牙端硬度僅16HRC，可能是硬度測試誤操作，理論上SKH-9原素材硬度是介於18~22HRC區間。

至於刀口端硬度可達62HRC，這表示材質應該沒問題，且本案並非單一個件，而且是整批量都是同樣結果，更驗證是熱處理參數不正確引起。

改善辦法及建議：

請合格專業廠商將硬度機重新再檢測。

硬度測試儘量以端面或平面測試，若是圓徑必須加補正值。硬度測試前，必須保持測試面非常平整。

建議按照前述所推論之熱處理參數製程進行，可達到特規刀具之硬度要求，應該沒問題。

結論：本案SKH特規刀具所要求之兩截式硬度，目的在於，刀口端要求高硬度，以達到切削時必要的耐磨耗要求。螺牙端要求低硬度，目的在於，必須承受扭動時的側向受力，因此，硬度低可提升高延長忍受度。從本案客訴主因推想，本案客訴發起人，對於，SKH-9材之升溫變態點及固溶時間等參數不勝了解，更可能是，對於SKH-9材之CCT曲線及TTT曲線未研究；簡單說：熱處理基礎理論不足所致。因此，當問題發生，將一切問題往外推，這是，非常要不得的錯誤觀念！

三十一、SKD11材當作SKS-2材進行熱處理，硬度上不來，可重工嗎？若是以SKD11材取代SKS-2材可以嗎？有何影響？

案由背景詳述：

本廠客戶日前送來一大批量，以SKS2材製成之工具機零件，用途是滑塊，形狀：凹凸異形，最大尺寸：大約280x10x60mm，最小尺寸：大約280x100x25mm，硬度要求60HRC，以鹽液爐進行熱處理，淬火出爐後發現零件顏色不同於一般SKS2材，經硬度測試僅30~35HRC再經火花測試比對，確定是SKD11材無誤。

於是以材質錯誤緊急通知客戶，再輾轉連繫上材料供應商，得到的答覆是：客戶所下的訂單材質SKS2，庫存中找不到尺寸，SKD11材中的庫存剛好有此尺寸，因此，以SKD11材取代SKS-2材。

客戶擔心以SKD11材取代SKS2材可以嗎？有何影響？SKD11材當成SKS2材已進行熱處理，可重工嗎？對基材可有影響？將來完成品上線使用是否有問題？

可能影響原因分析：

SKS2材是含鎢之高碳高錳鋼，應用於冷作工具用途，如切削刀具、模仁、滑塊等等⋯

SKD11材是含高鉻高碳之鉬釩鋼，應用於冷作工具用途，如切削刀具、滾輪、牙板、汽車模具、塑膠模具、抽引模具用途廣泛等等⋯SKS2與SKD11雖然同屬冷作工具鋼，但成份不同機械強度也完全不同，就耐磨耗及抗壓縮強度場合做比較，SKD11優於SKS2，但是在韌性要求方面，則SKS2優於SKD11，鋼性強度完全不同，因此，絕不可混用。

SKD11材以SKS2進行熱處理，當然淬不硬，因為SKD11材是固溶溫度是980℃~1080℃，而SKS-2的固溶溫度是780℃~880℃，因此，僅到達SKD11之A_1變態點，這也是淬火完成後硬度只有HRC30~35度的原因，若是重新以SKD11材之熱處理條件再進行，絕對沒問題。

改善辦法及建議：

以SKD11材取代SKS2材，原則上是不建議，若是，能夠提供最終使用場合之相關參數，前提是得經過研判評估後或許可列入考量。

已經用SKS2材的熱處理條件進行的SKD11材是可以重工，但前提，必須先進行完全退火，再進行淬火硬化。

建議製程是：850℃×2H爐冷，1030℃×30'→麻淬530℃溫液→空冷至100℃→210℃×3H回火二次→OK 60HRC。

結論：本案客訴原因，在於，材料供應商對於所販售之鋼材的特性不了解，又加上恣意的便宜行事，本案是工具機零件，若是應用在安全件場合，將來上線使用必定發生工安問題，也可能延伸更大的人命問題，到時，以科學儀器驗證追蹤問題來源，材料供應商可能要對應的法律問題將沒完沒了。本案材料供應商因為專業不足、觀念錯誤，又加上心態偏差，做了一個非常不好的範例。

個案客戶原來是指定SKS2材，材料商卻是以SKD11混充，若是，考慮到重新備料，加工製程得重來一次，交貨時間可能不容許，卻硬著頭皮將錯就錯，將SKD11材退火重工，以SKD11材混充SKS-2交貨，客戶犯的錯誤和材料供應商完全相同，兩造只是五十步笑百步，萬一出問題，不但信用打壞，還得擔待法律責任！這是做了明知故犯的錯誤。本案客戶應該立即發交貨延遲通知給上遊，並同時另備SKS2材進行重製重工，才是上策。

三十二、預硬之粉末高速鋼T15材沖仔料，以線割加工異形沖棒個件，隔數天後，竟然，在個件取出之殘孔開裂，且裂痕持續延伸，原因為何？如何改善？

案由背景詳述：

桃園某專營粉末高速鋼公司經理，帶來四件己產生線切割開裂之不良品，材質T15粉末高速鋼，硬度65~66HRC，尺寸約55x200x200mm。本案不良品是由於，以線割加工，割取異形沖棒，加工結束，隔天或隔數天後，才發現沖仔料產生開裂，且裂痕持續延伸，但被割取之異形沖棒並無開裂殘痕。

四塊已開裂之不良品，發生情形幾乎類同，並不是切割一個「個件」即產生開裂而是切割數個「個件」後才產生開裂，問開裂原因是材質不佳？還是熱處理程序不良？

不良原因分析：

從已產生開裂沖仔料，不良品觀察，線割業者在進行線割加工前，在沖仔料靠近邊緣約5mm處，以細孔放電預設引線孔，再進行個件切割，個件尺寸：大約6mm×10mm，從邊緣往內，割五個一列，再另預設引線孔，也是從邊緣往內割五個為一列，割四列再換另一邊。據粉末高速鋼經理口述：是在換另一邊，進行切割四列完成的隔天或隔數天才發現開裂。其它三件開裂不良品也是如此。

從不良品實體觀察以及經理口述，研判本案不良原因，應是內應力過大，導致線割工序完成後之隔天才開裂，且裂痕持續展延。

粉末高速鋼T15，含高碳鎢、鈷，卻不含鉬，又本案硬度要求65~66HRC，肉厚55mm，所以必須以高於1200℃之溫度進行固溶，再以急冷進行淬火，因此，易於殘留淬火應力，又因為必須滿足高硬度要求，因此，回火溫度都會低於540℃，也因此，殘留淬火應力，很難在多次回火中完全消除。經查閱比對美國Crucible公司之T15材，最佳應力消除及最佳回火韌性溫度區是550~565℃。

改善辦法及建議：

鎢、鈷系之高速鋼不含鉬，因此，淬火硬化能很差，因此，請說服使用者，模块厚度大於50mm之硬度要求以63HRC±1為宜。

以1200~1230℃為沃斯體化溫度，淬入530~550℃溫度，等溫後放冷至100℃，以550~565℃進行硬度調整回火及應力消除回火。

在熱處理製程尚未改變之前，建議線切割業者，以一個引線孔僅切割一個件為宜，可防止過大應力釋放引起開裂。

結論：

本案不良主因是熱處理，製程中的淬火應力殘留過大，但是本案線切割業者，僅以一引線孔即連續切割5個件，更誘發內應力大量釋放，有便宜行事之嫌，因此，也是不良原因之影響參數之一。

02

不銹鋼

一、為何不銹鋼304材經抽引成型後產生導磁

實際上SUS304材歸屬沃斯田體系材，是絕不導磁，那為何經成型抽引後轉變成導磁？

是由於在加工成型擠壓晶格而引發導磁，同時由於擠壓力道大小，也會有不同層次硬度呈現，也是所謂的：加工自硬，英譯：cold work hardening只要以1000℃~1080℃高溫固溶、急冷後它硬度會下降，且磁性也會消失。

SUS301材，客戶要求可否以熱處理方式將SUS301材硬度提升至450HV以上？

答覆如下：

SUS301材隸屬不銹鋼沃斯田體系，絕對無法以熱處理方式得到硬度提升，平常將SUS301材沖壓成型送處理的方式，稱為定性處理，更不可能產生硬度回饋。

目前文獻記載，其硬化方式僅止於加工硬化，也就是折彎、抽引、敲擊，而實際上在經驗值也是如此。

因此材料等級變更可能是唯一辦法，SUS301料帶薄板供應以冷間壓延比，產生不同硬度區分為H、3/4H、1/2H、1/4H。

其中H等級其硬度約500HV0.3，相當驚人，不過現在問題來了，這麼高的硬度要將其成型折彎，其相對應的上下模之原設計角度與模具的鋼性將是一大考驗？！因此模具設變與模材變更為高耐耗材是無法避免的大工程。

二、可否將SUS316材硬化

經詳問，問題背景履歷得知，原來客戶將SUS316材，薄板沖壓成鏈條，經成型後上機台測試，結果：由於材質太軟造成延伸增長，致鏈條精度跑位而鬆脫，再問為何選用不銹鋼，答覆：有抗銹要求。

失效模式影響分析與對策：

SUS316材屬沃斯田體系不銹鋼，且含碳量小於0.08是不可能借由熱處理產生硬度，且將SUS316材使用在鏈條是一大錯誤，因為鏈條用材，一般使用機械構造用鋼，也就是低碳合金鋼，經機械加工成型後，再施以滲碳處理，形成表層耐磨底材高韌要求，若使用環境需要抗蝕，再施予電鍍，再若因電鍍與RoHS標準抵觸，可嘗試SUS631材，因其耐氧化佳，又經CH900析出硬化可達49HRC，但是得考慮被加工性相當不佳。

結論： 任何工程研發，對材料選擇必定對材質的特性、使用範圍與成份中的合金組合，和接續的熱處理製程變化參數，都得列入研究、考量，否則將前功盡棄。

三、SUS420J2板經線切割完成精加工要求熱處理評估

案由背景詳述：

不銹鋼420J2板材尺寸約100L×80W×3T×4PCS，在每一件工件上經線切割加工，切下一四方塊約70L×60W×3T等於僅是個框架，在框架上四個角落各鑽一個約ø3孔，本案是由熱處理同行轉送委託熱處理，要求硬化至600~700HV。

製程研討： 以先前經驗推演本案不可行，因此退件。

SUS420J2材，線割精加工完成且厚度僅3mm，以最保守的熱處理條件1030℃

理由一：

1030℃空冷淬火，會變形、變寸，變形可利用矯正板進行回火校正，但變寸是無法校正，以經驗值推演，若以500℃進行校正回火其變寸增長率介於百分之0.04mm至0.08mm且框架邊緣各有一個ø3孔，Pitch一定跑位。

理由二：

本案要求硬度600~700HV不可能達到，因為600HV相當於55HRC，700HV相當於60HRC，雖然本案工件僅厚度3mm經1030℃空冷淬火最高硬度大約在55HRC再經500℃校正回火後硬度會落在52至54HRC區間。

改善辦法：

經製程研討推演發現本案整個加工製程錯置，

SUS420J2材未線割前先熱處理，熱處理前先以校正板夾持再進行淬火，待淬火後拆開夾持板再以回火校正板再夾持再進行回火校正；接續平面研磨再進行內方塊及ø3孔線切割，可防止Pitch及平面跑位，但硬度僅可達52±1HRC。

結論：由前述的研討發現本案是一個錯誤的製程加工設計，因此必須以前述改善辦法重新來過，且本案有許多疑點，首先就硬度標示是錯誤的，以厚度3mm的SUS420J2它是工具鋼也是塑模鋼是以HRC測試不是以HV測試，再就硬度規範HV也未標示荷重，因而推演本案業主及經手人全部是外行人，致使本案完全失效，建議本案業主在接案初期先就教於專業再進行作為；以免枉然。

備註：
Pitch是英文，中譯：間距，日語發音：匹吉，工業界目前就以此稱呼，比方說這個圓中心與另一圓中心的匹吉多少？也就是間距多長。

四、不銹鋼SUS316L消磁

背景說明：
提案者OO公司是一家專門製造專用止水閥公司，本案是以316板帶coil捲料經裁切成板料再經沖壓機深抽引成約ø16x47mm管桶，管壁厚度約0.15mm，因在抽引製程中引發導磁，因此要求以熱處理消磁，且管口ø16真圓度不許跑位，因消磁製程結束後，接續再以plasma銲接，若管口圓徑跑位成橢圓形，將來在進行plasma銲接會引發弧傷且接口處會燒熔。

原因探討：

不銹鋼316L材屬於沃斯田體系理論上是不導磁，導磁乃起因於深抽加工導致晶格擠壓產生相變同時帶動冷間加工硬化，原是不導磁材由於加工擠壓而變成導磁材，隨著加工擠壓的力道不同導磁力也不同。

就本案為例，管壁是抽引拉伸最劇烈的地方所以導磁性相當好，管底幾乎是不被抽引拉伸所以導磁性幾乎零；以磁鐵試幾乎是吸不住，這也應證先前所推演的導磁力的強弱，與加工擠壓程度成正比；也就是說加工硬化愈劇烈導磁性愈佳，以維克斯硬度檢測發現，硬度愈高的導磁性愈好，硬度愈低的導磁性愈差，也因此推演硬度高低與加工硬化程度成正比。

改善辦法：

以先前經驗推演，可以高溫固溶消除因加工硬化所引發的導磁性，潛在失效影響參數評估：本案316L材零件相當輕薄，在高溫固溶因加熱而軟化，若堆疊擺放一定會擠壓變形，所以必須獨自站立擺放，又有變形與真圓度考量，所以在高溫固溶完成之冷卻要求，必須以低壓力高冷卻放能的裝置應對；否則變形量將無法掌控，後續之接續工程將無法進行。

實際製程設計：經潛在失效影響評估後，分成兩二種方式進行消磁固溶處理測試。

真空爐參數：用固定治具個個獨立插放裝爐，以1000℃固溶1bar冷卻。

網帶式連續爐：用固定治具個個獨立插放進爐，以1000℃固溶以一大氣壓兼冷水熱交換冷卻，等兩個結果出來以後，再比對評估量、能、質進行量產規劃。

參數目的說明：以1000℃進行固溶和降低冷卻力，在於減少變形變寸和防沾粘，以治具插放裝爐在於防止壓傷、變形，以1000℃固溶可能色澤較差，但廠商在接續製程將進行電解處理所以色澤不用考量。

五、不銹鋼SUS304材為何進行固溶化處理後，擱置一段時間開裂

案由背景詳述：

○○公司送來不銹鋼零件SUS304材，尺寸約ø6×1050mm數量約500PCS，經固溶化處理後即裝箱運往美國交貨，貨至美國後開箱發現約200PCS在長度方向開裂而招致退貨，因此懷疑固溶化製程是否有缺失？當然也想知道是否有其它造成開裂原因？

本案在退貨時隨即送來一支不良品，並要求從不良品開裂處尋找開裂原因。

開裂原因探討：

首先以理論做推演本案SUS304材是18%Cr、8%Ni材，且是沃斯田體系的軟質材，經固溶化處理是不可能產生淬

火硬化，也因為淬不硬所以淬不裂，以放大鏡×5倍觀察開裂處，發現開裂處非常平整且成直線，再以顯微鏡×15倍檢視裂縫緣證實為接縫材，也就是以板材經裁切後經折彎成圓徑再經燒銲熔合成圓管，開裂處就是燒銲接縫線，也就是延著接縫線開裂延伸。

因此推演因燒銲熔接不良，又加上後續的固溶化處理製程中必須進行的高溫加熱及急速冷卻所引發的加熱膨脹急速冷卻收縮，將潛藏不良的接縫線撐大撐開而導至開裂，造成熔接不良的可能原因推演；熔接處的清潔不良，殘留油漬、氧化皮膜；熔接技術不良，熔接溫度、時間掌控不恰當、保護氣體不足或不恰當。

可能材質錯誤，曾有廠商以SUS303取代SUS304，其主要成分相同僅含S硫量特高，因含硫量高被切削性增加，但在高溫熔接時有脆化危險。(熱裂，hot shortness)

SUS303之含硫量大於0.15，SUS304之含硫量小於0.03，相較之下相差5倍以上。

熔接不良檢測方法建議：

×光探傷、渦電流、水壓、空壓檢測。材質檢測以光譜進行定量、定性分析。

結論： 本案SUS304熔接管開裂原因並非固溶化造成，造成裂痕延著銲縫開裂的可能原因參數在前述已推演，請參考熔接不良檢測方法建議。

六、不銹鋼SUS301材經定性處理後是否影響其耐磨耗

案由背景詳述：

在新莊有某家電子零件沖製廠投訴，最近有一批SUS301材經沖壓製成電子零件再經定性處理製程後，再交件給用戶結果發現耐磨耗降低，且先前一批也是同樣型號及材質批號、製程全都一樣為何沒有問題？

使用目的分析：

首先以理論做推演SUS301材是屬於沃斯田體系不銹鋼，它是不導磁也淬不硬的材質，自身的硬度是來自於冷軋壓延比，也就是材料在壓延時所產生的加工硬化，所形成的硬度。

本案電子零件經沖壓成型後，進行定性處理，定性處理的規範是加熱至260℃~360℃區間，持溫2~4小時，其目的在於防止將來在常溫下使用時因應力釋放而造成微量變寸變形，使用SUS301材的主要目的在於利用其自身材料的硬度，尤其在沃斯田體系不銹鋼系列是屬於硬度較高的，因此使用訴求在於(a)拉拔夾持力(b)彈性係數(c)抗疲勞強度等要求。

不良原因分析：

定性處理的溫度在260℃~360℃區間×2~4H是不會影響硬度，本案經實際量測比對定性處前與處理後硬度無差異。

本案，案由質疑定性處理後影響耐磨耗？是否在表述

時說法錯誤？因為SUS301材不是使用在需耐磨耗的場合，SUS301材一般是使用在彈片、夾子、扣環，需要的是夾持力與彈性抗疲勞要求，會影響這些要求的參數是，材質本身硬度、折彎開口斜度、與折彎R角，材質本身的硬度來自於壓延產生的加工硬度，一般材料供應商會在材證單上標明如下：

H(500HV±50)、3/4H(400HV±50)、1/2H(300HV±50)、1/4H(200HV±50)共四個等級。

SUS301材的自身硬度是相當多樣，不同的硬度在沖壓時會造成不同的沖壓阻抗，即使是同批相同硬度材在進行沖壓時也會因模具損耗，而延伸出產出物的精度跑位，當然也會影響它的拉拔力與彈性疲勞要求。

結論：本案經前述推演及定性處理前與定性處理後硬度比對無變異，證實與耐磨耗無關聯，沖壓件之精度與幾何公差將影響其拉拔夾持力及彈性疲勞要求，因本單位無量測工具所以無法進行驗證，因此告知客戶比對上一批允收材與這一批遭客訴材之精度與幾何公差量測，應可得知問題所在。

七、SUS301材的顏色是否影響彈性及硬度

案由背景詳述：

某家彈片製造廠帶來SUS301材製成之打樣零件，尺寸約0.3T×20W mm經專用成型機Forming卷成圓桶，外徑ø25×內徑ø24×10PCS要求定性處理，第二天來取回經定性

處理後之零件，經比對自行帶來之標準樣品x2PCS結果發現有色差，因此懷疑是否影響彈性及硬度，又為何標準樣品的顏色是黃褐色而打樣品是原色？

影響分析：

SUS301材屬於沃斯田鐵系它的硬度是來自於鋼片在被滾壓時所引發的冷間加工硬化，因而產生硬度回饋，後續經冷成型加工，成零件再經定性處理目的在於應力消除及安定形狀幾何和機械強度，因此對於硬度的提升是沒有加分也不可能，自行帶來的兩個標準樣品是黃褐色，以經驗推演，是以大氣回火爐約加熱至250℃左右進行定性處理，所產生之回火着色，而我廠是以真空回火爐進行處理當然不着色，因而產生色差。

結論：經前述經驗推演，我廠處理的打樣品10PCS與標準樣品雖有色澤差異但無關彈性要求與硬度影響，若將來驗收單位堅持要求色澤比照標準樣品也無妨，只要再經一次大氣回火爐加熱至250℃即可產生相同回火着色效果。

八、SUS301材回彈力不好改SUS631材會比較好嗎？

案由背景詳述：

某醫療器材製造商之研發部門客戶來電詢問，先前以SUS301 0.2mm薄板利用專用成型機卷成圓桶型之零件，尺寸約ø16×25mm經拉伸測試僅數下，即無法恢復到原來尺寸，但是以客戶提供之樣品做同樣的拉伸測試且沒有這樣問題，因此認定本案失效，並尋求改善辦法，在還未打電話給我之前客戶做了兩件事，第一件事是將失效件以硬度測試得值580HV0.3，再比較客戶樣品硬度值接近，但為何在拉伸測試時無法回彈至原來位置？第二件事是請教某知名大學教授，告知整個測試結果，教授給的建議是改材質為SUS631，客戶不知道為何硬度與客戶提供樣品雷同為何回彈測試失效？再就是教授給的變更材質方向是否正確？

失效分析：

經客戶的自述中發現本案是一個拷貝案，也就是客戶所提供的樣品是標準品也是成功品，失效件的硬度580HV0.3與樣品件相雷同假設材質相同，理論上硬度一樣回彈力應該相同，其實不然，影響回彈力的參數有，坯料厚度、形狀幾何、材質。

對策建議：

將客戶成功樣品送驗進行定量、定性分析確認材質是否相同，在未送檢前可做簡單的測試，取一塊磁鐵測試一下導磁力，SUS301材它是屬於沃斯田體系理論上是不導磁，但因其含碳量約在0.15％易於受冷間壓延硬化成微導磁，也就是似有若無狀，這種感覺很特殊，在不銹鋼沃斯田體系只有SUS301才有，再比較失效件的導磁力，應該可以確認是不是SUS301材，再就是不銹鋼沃斯田體系材可達到580HV0.3以上的也只有SUS301材，請測試比對！確實檢測材質厚度？形狀幾何請委託有經驗的單位確實量測，將客戶成功樣品之桶狀彈片拉直確實檢測其平面之平坦度及表面是否有特殊凹痕？綜合前述提供的檢測參數應可得到完善對策。

結論：硬度相同不代表機械強度相同，其影響參數請參照前述。有關某知名大學教授給的建議，經研判是錯誤導向，理由是SUS631材是析出硬化系，根據文獻及實務經驗，SUS631材經CH處理最高硬度僅達49HRC相當於500HV，根本達不到客戶標準品580HV0.3的要求，硬度達不到回彈力更不可能達到。

九、可以用SUS420J2取代SUS301？或是SUS430取代SUS301

案由背景詳述：

某家公司資材部主管來電詢問：可否用SUS420J2取代SUS301材？或是SUS430取代SUS301？理由是這是一個新開發案，應客戶要求仿製一個零件，客戶有提供仿製樣品；指定用SUS301材且此樣品是一件尺寸約厚度0.10mm×直徑16mm×深度30mm，因為模具已經開發完成但在生產過程中，產出物都不合規格；至今已數月產出零件不是開裂就是割傷或者形狀幾何不對，因此想改胚料材質應對，資材部主管說假設改材質為SUS420J2或SUS430經模具生產，若可以獲得不開裂無刮傷，形狀幾何也合規格，可否再以熱處理調整硬度達到與SUS301相同硬度嗎？

案由分析：

經案由背景得知這是一件深抽模具生產案，深抽模在冷間加工難度大於沖孔下料及折彎模，暫且不去論述深抽模否則會對本案主題失焦，SUS420J2是麻田散體系材，它是導磁必須經熱處理才可得到硬度，相較於SUS301，它是沃斯田體系材微導磁，不必經熱處理就有高硬度，而且硬度在H等級的甚至於可以達600HV0.3，SUS430是肥粒體系材，它導磁經熱處理也不會產生硬度，因為肥粒體系就是淬不硬材。

經前述比較雖然SUS420J2、SUS430同屬不銹鋼系列但材性完全不同，尤其是SUS301材的耐蝕性特佳也就是抗酸鹼，SUS420J2、SUS430完全無法比較，SUS301材是屬沃斯體系材原就是不導磁，因為易於受加工硬化所以成為微導磁，因而產生高硬度，這也是在進行深抽引加工不好成型主因；也是這材質本身的特性，SUS420J2材的含碳量是0.4若用在深抽很容易開裂，除非先進行球化處理，但在國內將SUS420J2進行球化處理幾乎找不到熱處理廠，除非包爐但成本會架高，若假設製程一切都順利，但接續的熱處理硬化，將會產生變形與變寸的問題，SUS430材含碳量小於0.15用在深抽較容易成型也不易開裂，假設深抽製程結束而且尺寸都合規，但SUS430硬度相當低強度很差，也無法經由熱處理獲得硬度回饋。

建議：

綜合前述分析，不可改也不能改材質，因為材質屬性完全不同，請委外找高明之深抽模廠商，因為抽引模已經是不好開的模具，何況是深抽模，請相信術業有專攻，而且對手材又是不銹鋼中素材硬度最高的，它的可塑性很差，可以將現在試產的SUS301材剪一段做測試，進行高溫固溶化將硬度降低，再進行深抽成型，因為固溶化會讓硬度降低且同時可增加坯料在冷間被成型的流動性，因此可以降低抽引開裂的問題，但得考慮在成型抽引時雖然硬度會上升相較於未固溶化的素材硬度，還是不夠。

結論：本案原先提議要改材質，經前述推演是絕不可能。SUS301材之坯料要進行深抽，本就是高難度，因為塑性極差，深抽模開模工程師得考慮的參數相當多，諸如公母模面粗度須達Ra0.2、滑配公差、真直度、模具材質、模具硬度、胚料硬度等等。

十、可否以SUS303取代SUS304耐受鹽霧試驗

案由背景詳述：

桃園龜山某機械加工廠老闆來廠詢問，剛接到一張零件訂單，使用在與大陽能電箱搭配的墊腳螺釘，指定使用不銹鋼，且訂單規範要求，完成品必須通過35℃、5%之鹽霧試驗28天，老闆以過去經驗想用SUS303取代SUS304，理由是SUS303比SUS304好切削；不但可以提升生產速度，且刀具損耗也較少，也因此可以節省生產成本，問可行性如何？

案由分析：

老闆的過去經驗SUS303比SUS304好切削是相當正確，理由是材料的特質不同，以SUS303來論述：SUS303材是不銹鋼沃斯田體系其含磷P量0.2%、含硫S量大於0.15%、磷、硫屬於非金屬也是雜質，用在於被切削是加分的，相較於SUS304材也是同屬不銹鋼沃斯體系其含磷P量小於0.04%、含硫量小於0.03%，因雜質較少純度較高也因此不好被切削。

由本案背景詳述中得知，本案將來完成品是使用在大陽能電箱之墊腳螺釘，屬於外觀件，在自然環境下必須承受溫度差異，酸雨侵蝕及可能的海洋氣候影響，也因此訂單規範要求必須通過35℃、5%之鹽霧試驗，不銹鋼SUS303材因其含高量的磷硫，所以易於被加工，也因為其含高量的磷硫對於抗酸鹼較差若要通過35℃、5%之鹽霧28天測試，絕對不可能。

以過去經驗SUS303材經車、銑加工送鹽霧試驗僅24小時就發現有點狀侵蝕，曾經以無電解鎳進行被覆再進行鹽霧試驗，也在48小時發現點狀黃斑侵蝕，經前述經驗推演若以SUS303取代SUS304是不可能也不可行。

建議：

由案由分析中推演以SUS303取代SUS304是不可行，但本案最終驗收規範是必須通過以35℃、5%之鹽霧試驗28天，SUS304經切削加工的完成品是否可以通過本案規定之鹽霧試驗？本人無法給予肯定答案，因至今尚未做過同樣規範之試驗，不過可確定SUS304材之鹽霧試驗耐受度絕對比SUS303佳，理由是含硫、磷量少很多，建議SUS304材經切削加工後之完成品在進行鹽霧試驗之前必須先進行鈍化處理，因為SUS304材在未被切削前其表皮已生成飽和的氧化鉻、氧化鎳；也就是CrO、NiO類氧化物，在進行切削加工的同時一定會破壞其表面皮膜，就會開始產生氧化也就是生銹，當然對後續的鹽霧試驗之耐受要求將無法達到，因此必須進行鈍化處理。已採用SUS304材經切削加工再經鈍化處理，若萬一無法通過本案要求之鹽霧試驗，可能是鈍化處理沒做好，無法產生飽和氧化皮膜；也就是CrO、NiO，若再求證試驗尚無法通過鹽霧試驗，建議改SUS316材，因其Cr、Ni含量高於SUS304。

結論：改材質請先參考其合金組合，才不會產生錯誤，曾有廠商將客戶訂製品全完成，經送驗才發現選材錯誤！結果虧大了！

十一、不銹鋼SUS304材經固溶化後可提升被延展性，高張力鋼板是否可以也利用固溶化改善其被延展性

案由背景詳述：

桃園某家沖壓廠負責人來電，最近接到一張新訂單，材質是高張力鋼板，圖面要求是深孔抽引，以負責人的過去經驗必須以分二次深抽才可達成最後尺寸，因先前也曾加工同樣材質，在抽引時都會有微裂產生，因此在接到訂單圖面，即來電詢問，並提議兩個月前有一批SUS304材是

經由固溶化後再進行二次抽引加工效果非常滿意，也因此要求此次高張力鋼板是否可比照辦理？

案由分析：

SUS304材經抽引加工，一定會產生加工硬化，若接續有二次加工必要，一定要進行高溫固溶化，可軟化材質消除磁性，提高延展性及流動性；也就是坯料在受擠壓時與模具表面作動流暢提升，新接單之材料為高張力鋼板不可用固溶化進行軟化處理，因為材質不同，且固溶化製程僅適合不銹鋼沃斯體系材，高張力鋼板含碳、錳、矽這些元素，在遭遇抽引作動時易產生加工應力，引發冷間加工硬化，若是有深抽要求必須先進行球化處理，球化處理的溫度在750℃~780℃區間，在此溫度區依據工作尺寸、重量設訂持溫時間再進行爐冷至常溫，經過球化處理後之基材，其基地結晶成微細小圓球狀，對於將來上線進行深抽時，可大大提升其流動性及可塑性，也當然可以避免深抽微裂或開裂的問題。

結論：胚料軟化當然對於塑性、流動性可大大提升但材質不同方法也不盡一樣，若假設高張力鋼板施予高溫固溶其結果將得不到預期效果，不但花錢結果是減分，若再比較將高張力鋼板施予完全退火，其完全退火後的硬度雖比球化退火硬度還低、材性更軟，但相較於球化退火的球狀結晶對於深抽引用途，以過去經驗球化退火比完全退火效果更佳，而且較不沾屑。

十二、SUS420J2材筆誤為SNCM420，並將其以 SNCM420材進行熱處理結果不良，可有改善對策

案由背景詳述：

桃園某家機械加工廠接獲一客製訂單，材質指定是 SUS420J2，尺寸約70x30x6mm上有二個螺絲孔及二個定位孔，用途是機械用可調整固定板，數量約200PCS，經機械粗加工後即送至我們公司進行熱處理，但是在熱處理時由於筆誤將材質寫成SNCM420，硬度要求43±2HRC，經熱處理製成結束，回廠後進行平面研磨，在經尺寸品管OK後送交客戶，客戶將成品上線以螺絲固定的同時當即崩裂因而遭退貨，因此送回本公司經硬度檢證發現硬度也是符合規定，再經查驗我們公司進料單與機械加工廠當初購料進貨單，發現原來是送熱處理時筆誤，但機械加工廠負責人質疑雖是材質誤報，但硬度要求還是符合規範且硬度僅44HRC為何還是崩裂？再就是這些遭退貨的產製品如何改善？

不良原因分析：

本案主要失效原因是材質筆誤造成，但機械加工廠負責人質疑雖是材質錯報但硬度數值是在規範中，理論上是硬度相同強度也是一樣，其實不然，因為雖然硬度合規範，但材質不同其機械強度絕對不一樣，SUS420J2材是麻田散體系的不銹鋼材主要合金是含碳量在0.4%含鉻13%屬於中碳高合金鋼，其正確的熱處理條件是1030℃空冷淬火接續530℃x2H回火，得硬度將是43±1HRC。

SNCM420是滲碳專用鋼，主要合金成份是含碳量0.2%及其它少量的鎳鉻鉬合金，屬於低碳低合金鋼，其正確的熱處理條件是930℃進行滲碳再淬入160℃溫液此時的硬度會落在60~62HRC區間再進行400℃×2H回火，得硬度將是43±1HRC。

但本案因是誤報材質，將SUS420J2材用SNCM420的熱處理條件進行，其結果等於是用930℃進行淬火，淬火後的硬度會是42~45HRC區間剛好是本案所要求的硬度，又因為滲碳淬火後回火前得先進行硬度測試，再進行以回火溫度調整硬度要求，結果發現硬度剛好落在規範中，於是採低溫160℃回火，硬度還是維持在44HRC，這也是為何材質誤報，經熱處理後硬度還是符合規範的原因。但本案由於是將SUS420J2置入930℃的滲碳爐進行滲碳再淬火，所謂的滲碳是利用滲碳爐裏的高碳濃度借由高溫及碳勢的原理進行碳滲入基材，使基材含碳量提高至高碳鋼，此時原本SUS420J2基材含碳量是0.4%，經滲碳製程可能提升至1%甚至於還更高，也就是說原本是中碳鋼因而轉變成高碳鋼，所以材質特性隨著滲碳而質變，也因此雖然僅44HRC，上線用螺絲固定時立即崩裂，因含碳量愈高脆性愈大，再就是SUS420J2內含13%的鉻元素更易於造成滲碳阻抗；也是所謂的表層積碳更提升脆化危險，這也是為何一上線用螺絲受力固定即開裂的主因。

改善辦法：

將整批不良品先進行退火處理，再以標準的SUS420J2熱處理工藝條件進行處理，但在進行退火處理時，原先的表面滲碳會在退火進行的同時，擴散入更深層的基地，材質合金及特性不可能再還原，因此建議先以少量試用，若發現還是有崩裂，硬度得再降低。

十三、為何SUS420J2材熱處理前與熱處理後導磁力不一樣？如何改善

案由背景詳述：

新北市汐止某機加工廠的老闆來電詢問，他將一批SUS420J2材送熱處理廠進行熱處理硬化，回廠後進行平面研磨，發現導磁力不佳；幾乎無法很平穩的被磁吸在研磨機平台上，造成在研磨時被加工件會滑動，這位老闆擔心可能因滑動而彈飛造成意外，問為何會如此？如何改善？本案是以SUS420J2製成之彈片尺寸約80×25×1.2mm經熱處理後硬度55HRC，是否因硬度太硬才會導至吸不住？

不良原因分析：

SUS420J2是麻田散體系不銹鋼，是導電、導磁材，也就是說可以被完全磁吸在研磨機上，那為何經熱處理製程後導磁力減弱才會吸不太住？以過去的經驗推演，造成吸不住的原因是殘留沃斯田體過多，因沃斯田體是不導磁，造成殘留沃斯田體過多的可能原因是，回火溫度太低和回火次數不足及淬火溫度過高。依據本案描述狀況推演其可能的熱處理參數，可能是以≧1050℃淬火，可能以≦100℃回火就可能引發前述狀況，若是以此參數推演其熱處理後硬度會落在54~56HRC，此時的殘留沃斯田體約

大於30%，這也是為何吸不太住的原因。

改善辦法：

有兩種方法

1.以高溫500℃×1.5小時回火二次，此時硬度會降至49~51HRC。

2.以超深冷-190℃×60'再進行180℃×90'回火，此時硬度會在55~57HRC。

兩種方法皆可將殘留沃斯田體轉換成回火麻田散體，以理論推演效果較佳的是以超深冷再進行180℃的低溫回火，經前述兩種改善辦法後，上研磨機台上絕對可穩穩吸住。

結論： 本案SUS420J2經熱處理製程後，上研磨機台上吸不住，是熱處理參數不當，造成殘留沃斯田體過多，這也是為何熱處理前與熱處理後導磁力不一樣的原因，至於硬度高是不會影響其導磁力，若是以500℃高溫回火法硬度會降至49~51HRC，此時導磁力會提升但硬度也會下降，此法很可能會誤解為是硬度太高才會吸不住，其實不然，主因在於高溫回火將殘留沃斯田體轉換成麻田散體。因此若以超深冷法，立即可以驗證前述說法是不正確的。

十四、SUS301材可取代SUS304材嗎？可去除 SUS301材的微導磁特性嗎

案由背景詳述：

新莊某機械廠的負責人來電詢問，最近接獲一張客製定單，由定單圖面審視必須使用SUS304之板材，經查自己廠內庫存，發現並無SUS304的板材，因本案客製定單量少，若是向不銹鋼材料公司購買現貨規格板，最小尺寸是4尺×8尺，因用量沒那麼多，也不符合成本考量，因此想用現有廠內庫存餘料SUS301取代，問其差異性如何？因先前曾使用SUS301材，發現這種材料有微導磁現象，將來製成零件產品後，在交貨驗收時可能因微導磁而招致退貨，問可有方法消除磁性嗎？再就是SUS301材的庫存餘料尺寸是0.8mm×25mm捲料，將來在進行消磁時是要切成小長條還是整捲進爐消磁？

案由分析：

本案原客戶指定使用SUS304材，因成本考量及便宜行事，想用SUS301材取代SUS304材，就以材料成分及特性做論述，SUS301與SUS304材的合金含量差異僅在含碳量，SUS301含碳量0.15 SUS304含碳量0.08，其它合金含量完全一樣，就因為差在含碳量其機械性質也不同，簡單來說，SUS301材的鋼性較好若使用在強度需求較高的場合是可以的，但若是有延展性需求的場合它就不如SUS304，除此之外對於酸鹼阻抗及抗腐蝕能力幾乎無差異。至於SUS301材的微導磁是導因於，板材是利用冷間壓延調整板

材厚度，就在冷間壓延的同時引發晶格擠壓造成導磁也產生加工應力，又因加工應力誘發硬化，必須以高溫進行再固溶，讓晶格重整同時消除應力，因此當高溫固溶製程結束後，導磁力歸零同時硬度也會下降，此時得考量強度鋼性也跟著下降。

改善辦法：

SUS301材可以捲料進行高溫再固溶，但必須防止高溫固溶引發材料高溫沾粘。

可以捲料進爐進行高溫固溶，最大外徑600mm，捲料先拆開沾上氧化鋁粉，再重新捲圓，以不銹鋼線固定。

以真空爐進行製程，參數：

$1030℃\sim1080℃\times60'\times6Bar$，真空度必須低於$5\times10\text{-}2mbar$。

結論： 本案客戶因成本考量，想以SUS301材取代SUS304材之理由是可以理解，但就客戶指定材質的事實，若擅自更改，確實是違反告知，是否請客戶就前述的可能影響分析先告知客戶，徵求客戶同意後再為之。

十五、以SUS420J2製成的剝線鉗在使用中，從切剝刀口斷裂，原因為何？如何改善

案由背景詳述：

新北市某家機械零件製造廠的經理，帶來兩件剝線鉗的不良品，其形狀似家庭用之剪刀，一件在使用中不但切

剝線刀口崩裂且在中間固定螺絲旁因耐受不了強受力而開裂，另一件也是在使用中切剝線刀口整齊被扯斷，本案材質SUS420J2，尺寸約3x25x180mm，先前已委外熱處理，淬火溫度是1050℃，51HRC。開裂原因為何？如何改善？有他人建議以高週波進行局部退火改善，問是否可行？

不良原因分析：

由經理帶來的不良品觀察，這是由人工操作的剝線工具鉗，斷裂原因應是耐受不了切割、應力及剪切刀口的幾何設計限制，造成肉厚較薄削弱強度，加上使用時是以人工操作受力不可能均勻，因此引發側向受力等參數造成失效。

改善辦法及建議：

在刀口幾何設計無法改變的狀況下，以及人工操作無法避免的側向受力下，以過去的經驗推演可從熱處理參數改變提升抗折斷力。

原先是以1050℃淬火硬度51HRC，改為1000℃淬火再施予130℃~150℃的低溫回火，硬度還是落在51HRC度但此時的結晶粒較細可大大提升抗折斷力。

若前述1000℃淬火還是無法耐受抗折斷能力，可改以Under Hardening以950℃進行淬火同樣以130℃~150℃回火，硬度將落在45HRC，這樣的淬火和回火參數所得的耐沖擊質是1050℃淬火的一倍以上，應可應付本案要求，但耐磨耗能力會變差。

若是客戶允許的狀況下可改用SUS420J1材，它的耐磨耗不及SUS420J2但耐沖擊質和延伸率相較於SUS420J2可提升百分之四十，對於抗折斷力可大大提升，而且可保有SUS420J2的耐銹特性。

結論： 本案切剝線鉗在使用時是以人工操作，力道的大小很難掌控，對手材是否符合合理的被剪物要求也是無法求證，但最終還是因斷裂而成為客訴，因此處理本案應以高韌性為第一訴求，耐磨耗是使用壽命考量為次之。短期的改善辦法是以改變熱處理參數應對，但長期還是以改變材質應對較有利，因為改變熱處理參數是委外加工，且委外加工的熱處理廠，是否願意執行訂單產量不是很多的特別參數，還是令人質疑？

本案有他人建議以高週波進行局部退火，以經驗推演不可行，原因是切剝刀口是以半圓弧狀設計，且刀口成鋸齒狀，若是進行高週波處理易產生燒熔，因此不建議。

十六、為何1.2316材經加工成型為模具，上線使用僅數小時即產生銹斑

案由背景詳述：

桃園某家知名特殊鋼進口商的副總來電詢問：有一家直接用戶，向他們公司購買一塊1.2316預硬材，硬度30HRC，經機加工成型為塑膠射出模具，尺寸約300mm×100mm×1000 mm，對手材是未加纖的PVC材，射出溫度約130℃，上線使用僅數小時，不但模具表面生銹連冷卻水孔也產生銹斑，因而引起客訴。

副總表示：本案材料是從300mm×1M×4M原材取下，原材料是進口自歐洲著名特殊鋼製造廠，在本案發生的當時，從失效模具取下一塊試片，經SGS公司以光譜儀進行定量、定性分析檢驗，結果是符合1.2316規範無誤，他百思不解到底問題出在那裏？因先前直接用戶也是以此鋼種製成模具，對應PVC塑膠材，並未發生如此嚴重瑕疵，問到底原因為何？

不良原因分析：

本案塑膠射出材PVC的中文名稱是：聚氯乙烯，它是屬於酸性塑膠材，在上線射出溫度130℃的催化下，會產生氯氣引發腐蝕，這也是本案直接用戶採用1.2316材做為塑膠模具，去應對酸性氣體腐蝕，選擇是相當正確，因為1.2316材內含百分之十六的鉻，對於酸氣環境的耐受度，優於其它麻氏體系的不銹鋼材。本案上線僅數小時在模具面產生銹斑，而且在冷卻水孔也產生銹蝕，研判與PVC材無關，因為水孔並未接觸PVC之塑膠材。因此推演是材質本身抗銹能力弱化的原因有二。當麻氏體不銹鋼在淬火進行冷卻時，若冷卻速度不足易造成P.E.C析出在晶界，不但將來上線易於生銹又會造成打光麻點，本案原素材截面積300mm×1000mm以1.2316材的TTT曲線冷卻要求，必須在150秒通過600℃否則P.E.C會析出在晶界，假設淬火槽的油溫過高或油槽內熱交換系統失效都會造成P.E.C析出，這應是熱處理製程失當，也是造成本案失效的主因。

本案是以預硬鋼供應，硬度30HRC，以1.2316材之熱處理參數推演，其淬火溫度約在1020℃~1050℃，回火溫度約600℃，1.2316材回火溫度超過400℃開始產生二次硬化，不但韌性提高同時消除殘留淬火應力，但此時會將低溫回火在表面形成Cr_2O_3皮膜破壞，對於抗銹環境要求是絕對減分。

對策建議：

先將以銹蝕之模具進行酸洗除銹。

施予表面鍍鉻披覆。或施予金剛皮膜。

結論： 假設我的推演屬實，建議副總將原材料之餘料應立即封存，否則將客訴不斷，本案預硬鋼已經高溫回火製程，二次碳化物析出覆蓋晶界，若是以金相將無法呈現PEC存在晶界的證據，因此無法提供金相佐證。因此建議以比對法進行佐證，取二個燒杯各注入鹽5%之水溶液，準備未上線素材試片25mm×25mm×100mm良件和不良件各一，投入燒杯中，觀察記錄何時生銹，應可立即得知結果，再以此實驗記錄向鋼材製造商求償。

十七、以MIM成型之SUS630零件，經真空淬火後發現，有些零件導磁，有些零件微導磁，且硬度不均勻，原因為何？如何改善？

案由背景詳述：

新北市某專業MIM廠的經理來廠詢問：數月前接獲一批零件訂單，材質指定SUS630尺寸大2×10×50。製程履歷是，粉末射出成型→1350℃真空燒結→1060℃真空固溶淬火。經硬度檢測，卻發現硬度不均勻；最高值33HRC最低

15HRC，再以磁鐵測試，高硬度值的個件導磁力佳，低硬度值的個件僅微導磁，以上問題已持續數週，不但在燒結製程參數做修改，也改變後續的真空淬火參數，問題依然未改善，也因此必須延遲交貨。問原因為何？如何改善？

可能不良原因分析：

所謂MIM就是：金屬射出成型；Metal Injection Molding.SUS630材是屬於析出硬化系的導磁材，導磁力非常優良。本案個件是以1060℃進行真空固溶淬火，理論上與經驗值都是會導磁，且個件尺寸非常細小不可能有質量效應影響，固溶淬火後的所有個件平均硬度，應皆在33HRC上下才合理，因此推演造成本案問題，應是在MIM製程中有疏失。

在高溫燒結狀態中，會使某些金屬或非金屬元素解離，因而附着在燒結爐腔體，若是，先前已有沃斯田體係材質燒結，易引起元素解離殘留在腔體，或是塑料在高溫解離也會殘留在腔體，若是有這兩種可能的污染殘留，當在進行本案SUS630個件燒結製程時，這些污染殘留物質就會在高溫狀態中與個件結合，結合較多的就是導磁力不佳硬度較低，以上推演應是本案失效成因。高溫燒結爐的設計，並無裝設對流加熱攪拌葉，靠的僅是幅射進行加熱，所以熱對流與均溫性稍差也使解離殘留的污染物無法平均附着在個件上，也因此，造成有的個件污染較多，有的污染較少；結果就是如案由所提，有些零件微導磁，且硬度不均勻的原因。

改善辦法及建議：

1. 一些導磁力不佳及硬度低之個件，選交檢驗單位，以光譜儀進行定性、定量分析，可從檢驗結果的化學成份及含量進行比對，必可得知燒結爐的解離殘留污染程度。

2. 停用下腳料；一般燒結同業都有使用下腳料，回收再適量混滲，如此作法雖可節省生產成本，卻可能影響燒結後之良率，也會影響不良品發生時之判讀。

3. 立即進行真空燒爐Out Gas，參數1400℃×2H爐冷，再進行接續之真空燒結。

結論： 燒結後的個件，產生硬度不均勻及導磁力不佳的原因，應是來自於燒結爐已遭受解離污染導致，也以此推演出燒結爐並非僅加工單一鋼種；也就是說在本案客訴發生前後，曾多次加工不導磁材，造成解離污染殘留，這也暴露出本案負責燒結的技術人員，對於材料特性及燒結爐在超高狀態，對於金屬元素可能解離的影響參數不了解，這應是本案客訴最終主因。該公司廠長，以改善辦法所提之建議，進行改善後，本案客訴的問題立即解決。

十八、SUS430F材與SUS303材以雷射進行銲接，接續進行退火處理，製程結束後發現，SUS303材仍然導磁，以側向受力進行銲接強度測試，接縫處立即斷裂！問：是那一個環節出問題？如何改善？

案由背景詳述：

新北市某專營製造氣動閥部品廠工程師來廠詢問：不久前接獲一張來自國外氣動閥零件訂單，這是一個必須由兩種材質組合的組件，材質指定：SUS430F與SUS303，尺寸：SUS430F ø15x50mm，SUS303 ø15 x60mm。指定製程是：胚料→機加工→雷射→銲接→真空爐退火960℃x2H→完成。

製程結束後，以磁鐵測試SUS303材，仍是導磁！以自設之專用側向受力機，進行銲接後強度測試，卻立即在銲接點產生開裂，這也驗證銲接效果不佳！

工程師表示：材料的選擇與製程設定，都是按照國外客戶指定的作業程序書進行，為何會產生這些不良結果？問：到底是那個環節出問題？如何改善？

可能不良原因分析：

SUS430F屬肥粒鐵系，Ferrite是導磁材，內含≧0.15S，因為添加大量硫而成為快削不銹鋼，所謂快削就是易於被機加工。

SUS303屬沃斯田鐵系，Austenite是不導磁材，內含≦0.15S；因為添加大量硫成為快削不銹鋼。硫，這個元素屬於非金屬，它是礦石的一種，存在鋼材中等同於雜質，若是，含量太高必形成偏析造成鋼材強度降低，它在高溫狀態下極不穩定，立即引起高溫崩脆，在銲接選材最忌諱的是含硫過高的材質，這應是，雷射銲接不牢的主因。

雷射銲接的能量輸出與銲接進給速度，也是影響銲接強度的重要參數。國外客戶指定的退火參數，960℃×2H進行真空退火目的？應是，消除銲接應力及機加工應力和消除SUS303材的殘磁力，至於SUS430F材本身就是導磁材，因此，只是消除機加工應力及銲接應力。

真空退火後SUS303材還是導磁的原因？應是執行固溶化，而非退火，也只有固溶化才能完全消除機加工所引起的殘磁，這也是為何退火後仍殘磁的主因。

改善辦法及建議：

若能得到國外客戶允准，將SUS303改成SUS304，將SUS430F改為SUS430，就不會有因含高硫，所引起的不易銲牢。但是，含硫量較低的材質是不易被機加工，這點得先列入考量。

SUS303與SUS304材的化學成份除了含硫比率，其它成份完全相同，相同的SUS430F與SUS430也是除了含硫量有差異其餘皆同。調整雷射銲接時的能量輸出，以及銲接進給速度，也可改善銲接牢靠性。

SUS303材經機加工至ø15×60mm，先進行真空爐1030℃之固溶化處理，再接續以雷射銲接，和另一端的SUS430F結合，再以真空爐進行700℃×2H退火即可。

結論：本案為何選擇兩種不同材質組成零件，工程師並未說明，但是，從整個外國客戶指定的製程及材質的選擇，發現疑點與缺失須待改善的空間還很大，顯然，短期內要進入量產是不可能，更可推演本案外國客戶僅是憑想像，就設定選材與製程標準作業程序書；簡單說：先前並無成功量產經驗！！。

十九、1.2316材調質至40~42HRC度，為何在機加工時硬度竟然會自硬達到50HRC度，因此，幾乎無法機加工，原因為何？如何改善？

案由背景詳述：

新北市某材料進口商經理來廠詢問：數天前某塑模製造廠，購買一塊DIN 1.2316材，尺寸約280x600x1000mm，於是，取286mm×650mm×3M的板材，以鋸床加工進行裁切，交給客戶的尺寸是286x600x1000mm，由於裁切只有二刀，所以整塊模塊僅兩面見光；其餘都是黑皮殘留。

客戶訂單載明必須調質至40~42HRC，因此，將材料委外進行熱處理，回廠後以里氏硬度機在見光面檢證硬度無誤，送交給塑模製造廠進行銑床機加工，當在進行六面尺寸精銑時，在原先殘存黑皮的四面，發生切削阻抗；也就是很難機加工，經客戶自行以里氏硬度機複測硬度，卻發現硬度竟上升至50HRC度。因此，質疑是銑床加工引起的自硬，也懷疑材料品質不佳，要求立即有對策改善。問：到底問題出在那裏？如何改善？

可能不良原因分析：

1.2316材屬麻田散鐵系不銹鋼材，其主要成份C 0.36% Cr 16% Mo 1.2%，若是以25x100x100mm的試片進行淬火，硬度值最高僅可達50HRC。本案模件尺寸286x600x1000mm，以質量效應推演本案模件，淬火後未回火前的硬度不可能到達50HRC，況且，本案已經過淬火回火之調質處理，因此，判定是硬度檢測誤操作。

任何金屬材料包括非鐵合金材，若是施以，折彎、抽引、磨擦、壓延，以上都屬於面接觸加工，立即引起冷間加工硬化，就是，界業所謂的〝自硬〞，本案是以銑刀加工，簡單說：就是刀口端〝單點〞接觸工件進行切削，因此，推翻加工引起自硬的說法。以先前經驗推演不好機加工的原因是，脫碳層太厚所引起的加工阻抗，在脫碳層面切削的初期，雖是已去除黑皮，但是在肉眼看不見的深層還是存在脫碳層。

回火後表層硬度與心部硬度落差太大，本案模件的厚度是286mm等於11.5英吋，按照先前的回火經驗推估：回火一次的持熱時間至少10小時以上，若是，回火時間不足，就可能造成表面硬度與心部硬度產生落差，也由於模件如此龐大，也易造成淬火後，心部與表面因質量效應所引起的硬度落差。以上兩個因素都會造成機加工阻抗。

改善辦法及建議

模塊材料在調質之前，必須完全去除黑皮，比照德國THYSSEN 鋼鐵廠所訂的參考值為例，本案之最終完成厚度要求是280mm，因此，必須取黑皮料厚295mm，其相差之的厚度是15mm，相較本案的黑皮料厚286mm，最終完成厚度280mm，相差僅6mm；還是有脫碳層殘留的疑慮。將已發生加工阻抗之模件進行再回火，再回火前先行必要的硬度再檢測，若是，硬度值確實是40~42HRC度，此時，再回火的參數設定為510℃×12H以上。

結論： 屬於不銹鋼的1.2316材含有高量之鉻、鉬元素，因此，較不易切削，又加上肉眼無法判定之殘留脫碳層，以及肉厚塊質量效應所引起的內外硬度落差，若是深層切削時，會發現刀口在不同深度有不同切削聲響，這也驗證硬度分佈不均的現象，其實，肉厚較厚的都有此現象，只要硬度落差不可太大，還是可接受，這也是業界存在的共同認知。在數天後，材料進口商來電告知，本案客訴件經510℃×12H回火後，再進行銑床加工，未再發生加工阻抗，且已完成精寸加工。

二十、SUS410材與SUS416材，那一種材質比較好機加工且熱處理硬度均勻性比較佳？

案由背景詳述：

新北市一家知名專業製造設計扣件公司負責人來電詢問，日前接獲一張來自國外的扣件定單，材質可選用SUS410或SUS416材。負責人問：這兩種材質，那一種是較好機加工且熱處理後的硬度均一性較佳？將來製成扣件在上線使用有何影響差異？

可能影響分析：

SUS410和SUS416材同屬麻田散鐵系不鏽鋼且導磁，主要合金成份幾乎完全一樣，熱處理後的硬度回饋也在伯仲之間，可能是這些相類同因素，使得，國外客戶的訂單在材質的選擇上，將SUS410和SUS416定為可選擇。

但是在次要成份中，卻有一項比率是大有不同！也就是含"S"硫量，SUS410材的含硫量＜0.03％，SUS416材的含硫量＞0.15％，就這點的差異，卻有重大影響，在鋼材中添加高比率的硫，使鋼材的被切削性大大提升，也就是很容易被加工，但是，以另外角度考量，硫在鋼中也是雜質的一種，使鋼材的強度及延展性降低。

因此，以含硫量比率和所含合金做特性比較推演，若是以機加工考量，當然選擇SUS416，若是以硬度均一性及強度延性考量，就得選擇SUS410。

結論：在主要合金成份相同，雖然僅是，在次要成份有差異，對於被加工性及硬化能及硬化均一性，卻是大減分。

本案將來加工成扣件，在上線使用中到底要承受多大的荷重，或多大的延性強度要求，扣件公司負責人並未提及，因此，僅就案由提及之要點做說明。不過，若是以高強度及高延性訴求之場合，建議以SUS410材是較佳選擇；理由是：含雜質較少，也就是清淨度佳。

03
低合金鋼

一、SS41材零件熱處理案，失效探討與改善對策

失效探討：

先前熱處理履歷與背景說明：材質SS41 尺寸：約外
ø100mm×內ø60mm×6mm T×20PCS

廠商要求：

硬化有效深度1mm，硬度大於58HRC，分兩組製程試
驗，每組試片10PCS。

第一組製程900℃滲碳，淬火，結果：淬水後硬度
65HRC，但平整度與Ø徑嚴重跑位。

第二組製程900℃滲碳，淬160℃鹽液，結果：淬溫液
後硬度37HRC，平整度與Ø徑尺寸OK。

第一組製程失效原因分析：SS41材含碳量0.1%以下，
不含合金僅能以滲碳方法，將含碳量拉高大於0.7%才可
能淬火後硬度大於58HRC，但工件肉厚單薄，圓徑中間掏
空，選擇以水做為淬火介質絕對會引發變形與變寸。

第二組製程失效原因分析：以900℃滲碳淬入160℃鹽
液中，僅得硬度37HRC，未達58HRC要求，原因還是在於
SS41材基地含碳量僅0.1%以下又不含合金，當然硬化能不
足，雖然變形量可接受，但還是失效。

改善對策：

材質改以SNCM-21或SCM415熱處理製程930℃×4.5H
滲碳後，以正常化空冷，再加熱至840℃淬入160℃鹽液，
以160℃鹽液回火，完成。若以成本考量可省略正常化製
程也可以。以上製程設定皆可滿足硬度與變形量要求。

二、SCM435材零件不良品失效分析

1.有關檢驗某某商之螺釘報告中認定粒界氧化與微裂起因於熱處理不良？

應該是，但到底是那一環節出狀況？導至於開裂，其因果關係為何？以下為理論推演。

1-1什麼是粒界氧化(Intergranular-Oxidation、IGO)？

也就是微脫碳在結晶粒與結晶粒的介面，報告中的原文為Oxidation and pitting existed in Surface grain boundary整句語法結構與專有名詞之闡述怪怪的，個人淺見應為：Oxidation and micro crack in the interface of grain boundary，因為粒界氧化是發生在界面，微裂是自界面延伸入基地，而非表面。

1-1-1粒界氧化發生在爐氣不良，也就是爐氣含有雜氣、水、氧等，工件在升溫加熱時尤其A_1變態點720℃以上更劇烈，因而產生粒界氧化。

1-1原文所謂的：pitting應該是Micro-crack微裂，肉眼看的見是Macro-crack。

1-2-1它自表層微裂入結晶界面，就是所謂的延晶破裂。

1-2-2應來自於工件粒界氧化，引起氧碳置換，因此表層組織鬆散，再經磷酸鹽皮膜處理，在經Forming process機械加工成抽引成形，引發微裂。

1-2-2-1磷酸鹽皮膜製程後之脫氫回火，和酸鹼中和製程的落實，將是氫脆Hydrogen brittle影響參數，也是造成因氫脆而引發微裂的參數之一。

2. 研判：

2-1螺釘Bolt之基材SCM435是高韌性的構造用鋼。

依慣例推演加工履歷應是：

線材→酸洗→球化退火→抽引→磷酸鹽皮膜→forming processg成形→淬火→回火→完成。

2-2 會造成粒界氧化的製程，可能發生在球化退火、淬火兩道製程中。

2-3 假設在球化退火是已經產生粒界氧化；也就是組織鬆散，再經磷酸鹽皮膜製程引發的氫脆，將晶界撐開，又再經成形加工將裂痕擴大。

2-4再假設磷酸鹽皮膜製程脫氫不完整，造成的氫脆，再經成型抽引時的高溫將晶界撐開，當進行淬火加熱時，爐氣不良引起粒界氧化，若淬火油，油溫偏低在淬火剎那之應力集中在尖角，由潛藏微裂引發開裂(potential micro crack triggered macro crack)。

3. 結論：

3-1以上經驗推演歸納出粒界氧化是開裂主因之一，因此在球化退火製程結束，需檢測是否有粒界氧化，再檢測淬火後回火前之金相交叉比對，便可分曉。

3-2磷酸鹽皮膜製程結束後之氫(H_2)殘留是要因之一，也是造成微裂參數。

綜合前述彙整出造成開裂原因必需有：粒界氧化、氫脆、淬火液溫度偏低、工件R角太小、(也就是可能90度尖角)，材質成份不符合規範。

3-3所以，單項以粒界氧化就會引發淬火開裂，是絕不可能，因為除了真空爐之外其它任何型態熱處理爐；都有多少不同層度的粒界氧化。

3-4立即改善淬火開裂方法，將淬火溫度降低，淬火液溫度提升，工件R角盡量加大(在公差可容許)可避免應力集中，也可避免淬火開裂。

三、SUJ2不好加工如何以熱處理改善

案由詳述：

某廠商來電詢問SUJ2圓棒材經第一階段車床粗加工，再進行第二階段精加工時發現很難車削，想借助熱處理改善SUJ2材之被切削性。因成本考量，所以提出是否有既簡單又實惠的熱處理製程？

問題研判：

SUJ2材在進行粗車加工是沒問題，為何再進入第二階段精加工時產生加工阻抗？仍由於第一階段進行粗加工所引發的加工硬化。

經驗推演：

幾乎是任何金屬材料經切削都會產生硬化，硬化的層度是依據切削進給量；也就是說切削進給量愈大引發的加工熱愈大硬化的硬度愈高，反之加工進給量愈小引發的加工熱愈少硬化的硬度愈低，但加工業者考慮的是效率與成本，加工進刀量愈大生產速度愈快，但問題也是因此而產生，所以在時間成本與生產效率的考量下，以託外用熱處

理方式改善似乎不太健康。

改善措施：

經由先前的經驗推演，理論上是應從加工製程着手改善，但是廠商似乎無意願，不過以工藝人的角度還是在此披露將第一階段的粗加工進給量減少或再多一道加工製程；也就是由原來的二階段加工改成三階段加工，應可避免以熱處理製程改善。若廠商堅持二階段加工，那只有以製程退火改善，製程退火溫度設定在600℃~650℃×4H空冷可消除第一階段加工應力和軟化因加工熱影響所產生的冷間加工硬化。

結論：請廠商衡量製程退火費用、時間成本，在進行製程退火時因應力釋放會有少許變形，所以先以小批量測試再進行大批量製程退火。也同時考量切削製程改變所影響的製程時間、產量，兩相比較影響參數再擇一而行。

另外切削刀具是否建議使用金剛皮膜製程，可改善刀口加工熱影響及銳利度，以利提升刀具壽命。

備註：

製程日語發音：可day，在業界說某加工需五個"可day"意思是：需要五個製程，"可day"這種說法似乎沒有行業別，在黑手界由北至南，它是通用的也是行話，請牢記！

四、為何SK3材線切割變形如此嚴重

案由背景詳述：

新莊某家機械加工廠來電，問一支客訂制零件SK3材尺寸ø32x100mm經熱處理淬火回火硬度58HRC，先進行ø1之細孔放電再進行直徑ø6線割加工，線割完成取下ø6之圓棒，用肉眼即可清楚發現嚴重變形，問為何如此？可有改善辦法。

失效原因分析：

SK3材的硬化能先天就不佳，它的淬透性也就是硬化深度也不好，以本案直徑32mm長度100mm為例，先前經驗做推演論述。

若是以790℃x20´淬水再進行160℃x120´回火從中心切斷再以HRC硬度測試得質如下：表面硬度約60HRC，表面測試至心部5mm處50HRC至心部10mm處僅42HRC。

若是以820℃x20´淬油再進行160℃x120´回火從中心切斷再以HRC硬度測試得值如下：表面硬度約40HRC心部硬度也是40HRC。

因此推演本案應是以790℃淬水大約以210℃回火得硬度值58HRC現在問題來了，若以前述推演其表面硬度與心部硬度相差近20HRC，當在進行線切割時，它是以貫穿的方式進行放電加工，又因為其硬化能不佳心部與表面的硬度呈三明治狀，在進行線割時不同硬度層釋放不均等的應力，當然造成應力變形，其最終結果當然是扭曲變形，SK3材它的合金成份錳Mn是提升硬化能與淬透性的元素，

但僅含百分之0.5因此選擇以SK3做線切割是錯誤的決定，也是本案失效的主因。

改善辦法：

若是硬度要求在58HRC以上，選擇以SKD11做為基材，經淬火+高溫回火硬度可維持在58HRC以上，且表面與心部無硬度差。以成本考量，本案使用材料重量大約在1KG左右與SK3比較相差不及新台幣一佰元，所以材料成本根本不用計較。

五、為何以SCM4130材製成之鋼管經退火製程後，再進行擴孔加工還是會開裂？問原因何在

案由背景詳述：

桃園某家製管公司的品保主管問：為何以SCM4130材製成的鋼管經網帶式連續爐以810℃進行退火後，再進行擴孔加工還是開裂？且帶來自行鑲埋的退火前與退火後之試片要求比對判讀其差異處，也希望能從中找出問題所在。

先前製管加工履歷：據品保主管口述：將SCM4130薄板裁切→折彎成型→高週波熔接→810℃網帶式連續爐退火→擴孔加工→結果開裂。

開裂原因分析：

本案SCM4130為何需進行退火製程再進行擴孔加工？導因於高週波形成的渦電流引發的高溫不但熔合了接縫

也同時產生沃斯田體化，熔合完成後的空氣中冷卻也等同於淬硬，此時的鋼管接縫處，以經驗推演硬度約在35~40HRC區間，又因是管件，冷卻較快易形成硬且脆的 Fe_3C 雪明碳體生成，為了後續將進行的擴孔加工，所以必須實施退火製程，以810℃進行網帶式連續爐退火是錯誤的，因為以連續爐810℃加熱接續的冷卻是空冷，等同於正常化製程而非是退火，這也是本案失效主因。

改善辦法：

首先以成本考量，還是以網帶式連續爐進行600~650℃區間之應力消除回火，再進行後續的擴孔加工製程，應可改善擴孔開裂問題，假使改善效果尚不滿意，再以830℃×120'爐冷，此製程必須以坑式爐或真空爐進行完全退火，絕對可以完全改善擴孔開裂問題，但成本較昂貴。

結論：本案問題的關鍵在於退火製程參數錯誤，導至後續進行的擴孔加工失效，因此沒有必要再進行金相比對，只要熱處理製程按照前述建議參數進行即完全可改善。

六、SUJ2材經火焰硬化後，再用火焰烘烤會產生什麼硬度變化嗎

案由背景詳述：

樹林某機械零件加工廠來電詢問，SUJ2材製成ø10mm×200沙拉ø12×1PCS之B型沖頭圓棒，因交件緊急所以用火焰進行硬化取代送熱處理廠，但交件給客戶時客戶

要求B沖沙拉頭必須降硬度，因先前曾在上線使用中沙拉頭扯斷，問可以做嗎？怎麼進行？

案由分析：

本案SUJ2，ø10×200mm以火焰加熱進行硬化，理論推演是絕對可行，但必須達到特定溫度、時間、冷速。將SUJ2加熱至800℃~840℃持溫5分鐘立即淬入油中，硬度可達64±1HRC，但經詢問老闆得知，僅加熱至橘紅即放置空冷，因此推演淬不硬。因為如老闆所說加熱至橘紅，可推演溫度大約800℃~900℃區間，也就是達到沃斯田體化溫度，但隨之僅任其空冷，類似正常化的降溫模式，因此是得不到急冷淬火的麻田散鐵組織，因此推演目前硬度約在30~35HRC。也因此推演案由所述SUJ2經火焰硬化，再用火焰烘烤將沙拉頭降低硬度已經不需要也沒有意義，因為如推演溫度雖到達800℃~900℃區間但冷卻速度僅以空冷降溫當然造成硬度不足，既然硬度不足，也不須以火焰進行回火降硬度。

改善措施：

若因交貨時間緊急，依然可以用火焰加熱至橘紅，也就是800℃~900℃區間保持3~5分鐘淬入油中，再用火焰烘烤ø12mm沙拉頭，火色達暗微紅(約600℃~650℃)即可(不要持溫)，經此製程在ø10×200mm硬度約64±1HRC，在沙拉頭ø12硬度約在30~35HRC。若交貨時間容許，送鹽液爐處理，熱處理參數為820℃×5'分鐘淬入80℃油中，再進行180℃×2H小回火，接著用夾具夾持將沙拉頭浸入

600℃~650℃鹽液中×30"秒鐘，其結果在ø10×200mm主體硬度會落在60HRC，在沙拉頭ø12硬度會落在32~38HRC。

比較兩種做法之優缺點，用火焰加熱進行熱處理，交件速度明顯佔優勢，但溫控不準因此硬度分佈較不均勻且失敗率也較高，以鹽液爐進行熱處理，交件速度較慢但溫控準確硬度均勻。

建議：

若一定得用火焰進行熱處理，在熱處理前必須了解材質特性及熱處理的三大參數；也就是溫度、時間、冷卻速度，再就是要知道什麼火色是等同於何種溫度，比如說：當火焰加熱至由黑剛轉紅約600℃、蠟燭紅約750℃、橘紅約850℃、蛋黃紅約(土雞蛋黃的顏色)950℃等等。當在進行加熱時避免在陽光下及強光下，在這種光度下容易誤判溫度，因此須選擇在光源較弱的地方實施火焰硬化工程。

七、白十字材可否局部硬化至60HRC？

案由背景詳述：

新莊某模具零件加工製造廠老闆來電，應客戶要求製做一批機械零件，訂單規格如下：材質指定SNCM 220、尺寸總長550mm，分兩段，第一段ø32×200mm，第二段ø45×350mm，在第二段ø45×350mm必須表面硬化至60HRC以上，且真直度必須在0.02mm以內。問可行性為何？若可行機加工的工序如何與熱處理搭配？

分析評估：

本案使用材質SNCM21等同於SAE8620其含碳量約僅0.2左右合金也是很少，這是一種韌性相當優良的鋼種，但淬火硬化效果極差，若採用調質製程僅可得30HRC，若採用滲碳淬水，硬度可以到達60HRC但變形量會超過預留公差；因本案機械零件總長在550mm且直徑是由32mm、45mm組成，易於產生淬火扭曲變形，又不符合本案局部硬化的要求，因此推演，熱處理製程必須先進行滲碳，再接續進行局部高週波淬火即可。

應對辦法：

經由先前的推演必須先滲碳在進行局部高週波處理，但是還得考量本案零件的變形容許公差，因此機加工程序必須配合熱處理工序如下：

1. 將SNCM21圓棒粗加工至第一段ø32.3×200mm，第二段ø45.3×350.3mm，總長550mmL，圓棒兩端預留頂心孔。

2. 進行600℃×3H之應力消除。

3. 進行鹽液滲碳930℃×10H→空冷(正常化)。

4. 再進行局部高週波；硬化第二段45.3mmØ×350mmL。

5. 接續150℃×2H回火。

6. 頂心研磨至精加工尺寸要求。

經此製程可達精度要求之容許公差，在第一段32mmØ×200mmL處，因是滲碳空冷硬度會落在25HRC左右，第二段ø45經滲碳空冷→高週波頂心研磨硬度可達

60HRC。

八、為何SKS3材經熱處理製程後在模板邊緣產生開裂

案由背景詳述：

三重某家特殊鋼材公司的經理，帶來一件SKS3材製成之模板，尺寸約300×180×25mm，在長度方向邊緣中間處經機械加工往內銑一個ㄇ字型，尺寸約50×50×10mm，就在ㄇ字型處外緣九十度折彎角處往內往下開裂。

據詹經理口述：

本案材質是他們公司提供交送給客戶，經客戶機械加工後送熱處理，經熱處理製程後發現在模板上有前述之開裂問題，客戶質疑他們所供應之材質不佳？詹經理卻認為是熱處理之製程不良，但是又說不上來是熱處理製程那一個環節出問題？是否硬度太硬才會崩裂等等？

不良原因分析：

經肉眼觀察開裂處，恰巧在機加工銑ㄇ字型處，且是在正90度角往內往下延伸至內部，以過去經驗推演可能開裂原因是：由於機加銑成ㄇ字型之內凹都是90度角，且在折彎角幾乎成尖角，當工件在進行熱處理時，因為工件已銑掉50×50×10mm所以肉厚較薄且銑掉的部份以立體來看多了三個熱接觸面，當然受熱比較快，當進行淬火時，這受熱比較快的優點反而是冷卻比較快的缺點，又加上可能

用油進行淬火，在淬火過程中，由於銑ㄇ字型之形狀內凹在淬油時瞬間急速降溫硬化，在此時模板心部熱能當然是從內往外緣擴散出，此時ㄇ字型處已經硬化了，但心部的熱擴散還持續往外導出，因此在ㄇ字型處是90度且折彎角是尖角是應力易於集中處，就在因心部持續熱擴散引發的熱膨脹因而撐裂，再就是油溫過低及淬油時間太長都是淬裂參數。

另一個可能開裂原因是：淬火後並未立即回火任工件放冷過久；又加上最近寒流來襲室溫較低更易於造成放冷脆裂，又由於開裂處之形狀幾何屬於應力容易集中；且又是SKS-3材更易引起延遲回火脆裂，由前述之經驗推演二個可能影響淬裂之原因，其一是操作者並未考量形狀幾何卻選擇以油當淬火介質及可能不恰當的時間油溫控制，再就是延遲回火脆裂，但開裂處之ㄇ型凹處成90度尖角也是影響開裂之重要參數。

改善辦法：

SKS3是屬於高碳高錳鋼以JIS規範選擇用油當淬火介質理論上是可以，但本案形狀幾何是不適合以油當冷卻介質，應改用160℃之鹽液當淬火介質絕對可避免淬火開裂；也不用考量油溫過低及淬油時間的秒差掌控，理論上SKS3材以油當淬火介質油溫必須大於80℃淬入油中之時間，厚度/mm需時3秒，且淬火溫度必須採用下限也就是800℃以下，但本案因形狀幾何的問題，不適合採用油淬火，不管是採用何種淬火介質，在工件冷卻至100℃前必須立即回火，可防止因延遲回火而引起脆裂，以SKS3材製成之模板必須避免有90度的尖角，因此先預留R角待熱處理完成，再進行二次加工。

建議：

若本案在選材時改用SKD11材，就不會有今天的客訴，因為SKD11材是空冷鋼，且硬度耐磨耗及韌性要求不亞於SKS-3材，且鋼材價格也在伯仲之間。

九、如何不用光譜儀分析就可以驗證材質是否正確

案由背景詳述：

三重某特殊鋼銷售商的業務先生，親自載來兩塊汽車模具，要求硬度測試，目的是驗證硬度是否達到客戶要求，及材質是否正確，理由是：客戶聽熱處理業者說，本案汽車模仁經淬火、回火製程硬度達不到要求，僅35HRC，因此質疑材質錯誤，但是經本廠硬度測試，確是55~58HRC，而且是經過數次測試平均得值，特殊鋼公司業務認為這樣的結果說服力不夠，是否有避開用光譜儀分析的方式，還可證明材質是正確的方法，因為利用光譜儀分析必須破壞模具，才能取得試片，客戶無法接受。

本案模仁尺寸約480mm×350mm×90mm×2PCS且經過3D加工，其厚度高低落差很大，高點90mm低點45mm指定材質是SK3材，業務先生強調客戶因熱處理業者認為淬不硬，質疑是中碳鋼？

案由分析：

本案汽車模具之模仁共兩件，依前述之尺寸推演其重量約50KG，如此大的尺寸若要以洛氏硬度機測試硬度幾乎不可能，因此以手提式硬度機測試硬度是業界的普遍方法，又手提式硬度機一般以蕭氏SHORE測試，但若不是熟手操作，硬度值誤差會很大，這也是本案硬度檢測誤差，造成誤判引發本案客訴的主要原因。本案經手提式SHORE測試得值再換算HRC值介於55~58推演材質應是JIS的SKS-93，理由是依本案模仁尺寸及形狀幾何推演其最佳的鹽液熱處理條件應是，860℃×105'淬入160℃的溫液再以210~240℃進行回火，其硬度值將落在55~58HRC。若是中碳鋼依前述的熱處理條件進行其硬度值將是30HRC或以下。

若是SK3以前述的熱處理條件進行，其硬度值將是35~40HRC區間，前述是依過去之實物經驗推演，為何參數是以860℃淬火入160℃溫液，因考量汽車模具在送熱處理前大致上已經是完成品，不容許變異量過大，因此以160℃的鹽做為淬火介質，可防止變形過大，也依此熱處理參數推演材質應是SKS93。

本案經火花測試比對，證實是高碳合金鋼無誤，更再次強化前述的經驗推演的正確性。

結論： 經前述推演及先前的硬度測試及火花測試比對證實材質並非中碳鋼。

但若材質是中碳鋼或SK3材已進行熱處理製程，硬度達不到要求，接續以鹽液滲碳進行滲碳，再以160℃溫液淬火，硬度還是可以達到要求，此時就會造成誤判，因此請業務先生向這一家熱處理廠追蹤製程記錄，必定可以找到正確答案。

十、40Cr材經機械加工引發變形，最終因變形過大造成大面積崩裂，如何改善

案由背景詳述：

本案是中國泉洲某家台商針織機製造廠的廠長提出，該廠長說：本案是GB 40Cr材經機加工，成針織圓盤，再以cutter切銑溝槽，溝槽寬度約1.2mm深度5mm長度100mm且溝糟與溝糟的肉厚僅2mm，針織圓盤約Ø600mm，上面的溝糟約150個，大致上加工致快完成100溝槽左右，就因變形引發大面積崩裂，最終只有經銲補再進行二次加工切削成形，但此法將造成產量降低，後續工序延遲，問如何改善？

不良原因分析：

據現場實物觀察研判，應是cutter在進行切削時，被加工材的殘屑粘黏在刀口上，當累積到一些量時，整個刀口是完全被殘屑包住，此時變成為屑與對手材在磨擦而非切削，磨擦會產生高溫，又加上刀口因粘屑增大的惡性循環，將溝糟先撐大再撐變形最終引發大面積崩裂。

改善辦法：

立即改善辦法：

本案在進行切削成型時並非立即粘屑，而是一段時間才粘屑，也就是刀口銳利度降低是粘屑的開始，因此必須在現場觀察當稍粘屑時，應立即停機，將cutter取下更新品再作動，粘屑的刀具再進行研磨成型備用。當刀口粘屑時，切屑的聲音是不同於不粘屑，因此只要在加工母機旁觀察即可得知。

較好之改善辦法：

將40Cr材進行正常化處理，將基地組織轉變成Fe_3C雪明碳體，作法是：850℃×3H空冷，此時的基地較硬，被切削時的屑，易成碎屑就不會粘黏在刀口。將刀口走屑處面粗度降低至鏡面，可防止粘屑。再將刀口進行金剛皮膜處理，可提升耐磨耗與防止熱能累積所導致的粘屑。

結論：本案因切屑刀具夾屑，導致嚴重的被加工件；圓型針織盤變形撐裂，最終是以銲補再進行二次修整，表面看似無異，但銲補處的材質與銲補的方法將影響往後上線的使用壽命，因此銲補是下下策必須防止，加強刀口面粗度改善，一旦刀具粘屑應立即停機更換刀具才是上策。

十一、中碳鋼螺牙圓棒染黑處理後，再經高週波為何硬度上不來，是否與染黑有關係？還是其它因素影響？可有立即改善辦法

案由背景詳述：

新北市有家機加工廠負責人來廠詢問，本案是客製零件訂單，因訂單量少不符成本效益，因此委外承製本案，材質S45C尺寸ø8×90mm在外徑中段成型Pitch 1.2mm的螺牙，螺牙長度70mm數量共計50支，成型至精度尺寸後須施予表面染黑，本案於上月委外加工，廠商交件後，直接交貨給中國的客戶，本週接獲來自中國的客訴指出，中碳螺牙圓棒上線後，利用磷青銅棒頂住中碳螺牙圓棒防止滑動，這個動作立即使圓棒螺牙凹陷，當然是馬上下線，其餘未使用的零件全數招退貨。接到退貨的當下，立即將這些中碳螺牙圓棒送高週波處理，結果經硬度挫刀測試發現硬度上不來，是否因先前的染黑影響高週波處理，致使硬度上不來？還是其它因素影響？可有立即改善辦法？

不良原因分析：

本案經機加完成之中碳螺牙圓棒僅施予染黑處理，即上線使用，利用磷青銅棒頂住圓棒中心防止滑動，這個動作立即使圓棒螺牙凹陷，導因於未經調質處理，可能是廠商便宜行事，或不知產製零件的上線用途與功能。將招致退貨且表面經染黑處理之零件進行高週波處理，結果硬度上不來，這與染黑無關，因染黑表面產生的Fe_3O_4是導電的，對於高週波不會產生阻抗也不會影響，致於高週波做

不硬的可能原因，有兩個方向推演，一是材質錯誤，可能是低碳的鐵材，另一是中碳螺牙在進行高週波處理時，易於引發局部超溫燒熔，因此高週波感應線圈與工作物距離會拉的比較遠，也會造成硬度上不來。

改善辦法：

應立即向材料供應商取得材質證明再作為，或取本案零件進行材質分析，確認材質再作為，若是經材質驗證確認是S45C，可進行調質處理，依本案尺寸的質量效應可達54HRC，但得考慮淬火變形、變寸是否在容許公差。若經材質驗證確認是鐵材或是低碳鋼，以調質的方式是淬不硬，若改以滲碳處理僅是螺牙和表面有硬度，一般方式硬度約60HRC深度約0.35mm，但還是得考慮滲碳淬火也會造成尺寸精度走位。

結論： 本案因客訴招致退貨的主因，可能是接單時並未求證客戶使用環境需求，或接單者便宜行事導致不應該發生卻發生的客訴。若以改善辦法中的調質，或滲碳處理，雖可提升硬度、強度，但是得考量變形變寸所造成的精度跑位和容許公差。

十二、為何紅牌鋼經熱處理後，尺寸嚴重收縮？可有方法避免收縮

案由背景詳述：

新北市八里某家模具廠負責人來廠詢問，他前陣子有一組冷成型模具，以紅牌鋼為材料，尺寸650mm×80mm×80mm共兩塊，硬度要求45HRC，送到本廠委外進行熱處理，製程結束後送回他的工廠，檢測結果發現在長度方向縮了近1mm，造成了螺絲孔嚴重走位，螺絲孔是用來固定模具避免在沖壓時位移，這麼一走位等於報廢，因此只有以電弧進行氫銲再重新攻牙，做為補救損失。問紅牌鋼經熱處理收縮是否正常？如何防止？

不良原因分析：

本案所謂的紅牌鋼就是SK3或YK30但SK3與YK30雖然稱紅牌鋼但成份不同，熱處理方式也不同，就以YK30與SK3的差異在含錳、鉻量不同，YK30錳Mn1.1%鉻Cr0.5%，SK3錳Mn0.5%鉻Cr0.3%，錳鉻含量愈高硬化能愈好。

以經驗推演本案，若是以YK30進行熱處理應該是加熱至840℃淬入160℃的鹽液再進行470℃×2.5H回火，此時硬度會落在45HRC度，再以過去經驗推演其長度收縮量約在100mm縮0.04~0.06mm乘上本案長度650mm收縮量約在0.26~0.32mm。再以經驗推演本案若是以SK3進行熱處理，應該是加熱至790℃淬入水中再進行470℃×2.5H回火，此時硬度會落在45HRC，再以過去經驗推演其長度收縮量約

在100mm縮0.15~0.18mm乘上本案長度650mm收縮量約在0.97~1.15mm。

經前述推演可能本案的先前製程可能是以上所述進行才會造成本案收縮量如此大，但不管那一種方式進行熱處理都會產生收縮，只是縮的比率不同罷了，所以縮寸是必然會發生也絕對無法避免。

改善辦法：

本案所謂的紅牌鋼在進行熱處理之前，應先向材料供應商取得材質證明，再以材證所示施以適當的熱處理製程。若是以紅牌鋼為唯一材質選擇，當然還是選擇YK30收縮率較小，YK30是日本大同公司生產相當於JIS SKS93，若萬一不清楚是YK30卻以SK3的製程進行熱處理進行淬水，淬裂的機率相當高。

結論：依本案對於螺絲孔的精度要求和硬度要求，應該選擇，中碳高合金的SKD61材取代，就不會有孔位縮寸的問題發生，但模具材料成本恐增加一倍以上。

十三、以SUJ2材製成的滑動棒為何不到正常使用壽命,即因斷裂而提早下線,問原因為何?如何改善?後來改成SKD61材卻因耐磨耗不佳,也是提早下線,問如何改善

案由背景詳述:

新莊某機械零件製造廠,帶來一批以SUJ2和SKD61製成的滑動棒不良品,SUJ2材製成尺寸約ø4.5x30mm在長度方向的一端鑽一圓孔約ø2.5,在上線使用約3萬次行程即從ø2.5圓孔處開裂,因而提早下線,為此改以SKD61製成相同尺寸的滑動棒,但使用壽命不及SUJ2製成之不良品,即因過度磨耗也提早下線,本案使用環境溫度約在300℃。

問SUJ2材製成之滑動棒之斷裂原因為何?後來改以SKD61材因不耐磨損而下線?可有改善辦法?

不良原因分析:

從帶來的SUJ2製成的滑動棒不良品觀察,發現滑動棒長度方向的上端圓孔肉厚僅約1mm,這個圓孔是用來被插梢固定,避免滑動棒作動時鬆動,因此插梢與圓孔是緊配,斷裂處就是從圓孔邊緣開裂。由開裂處研判可能造成開原因是,因圓孔肉厚較薄僅1mm,當上線的環境溫度達300℃,此時圓孔因受熱膨脹,同時插梢經長時間受熱也產生尺寸膨脹,又加上SUJ2材屬高碳合金之軸承鋼較脆也不耐高溫,因此推演,可能由於圓孔與插梢是無間隙的緊配和受熱膨脹的擠壓,加上較薄的圓孔肉厚,又加上長時間高溫,引發質變和熱疲勞效應,可能因而開裂。

為何將材質改為SKD61上線不久，即因耐磨耗不佳而提早下線的可能原因是，SKD61材屬熱作工具鋼抗高溫韌性佳，使用在本案300℃之環境溫度，不會引發熱膨脹及熱疲勞效應和高溫所引起的質變問題，但它屬於中碳高合金鋼對於要求耐磨耗場合，本來就是SKD61材的弱項，相較於以耐磨為訴求的SUJ2軸承鋼是無法相比較，這就是提早下線的原因。

改善辦法及建議：

本案先前使用SUJ2製成的滑動棒，由於是上線的環境溫度屬高溫，因此不建議使用適合在冷間環境的SUJ2材，可使用SKD61材製成滑動棒，它是熱作工具鋼，在高溫環境可保有穩定的鋼性強度及尺寸精度。建議熱處理製程是1050℃淬火510℃回火硬度可達55~57HRC。建議再進行本公司的專利真空無白層氮化，硬度可達約960~1000HV0.3深度約0.05mm。

經前述建議製程應一定可達到本案高溫環境和高耐磨要求。

結論：本案失效主因在於選用材質不恰當，本案的使用環境非常嚴苛，不但得承受高溫要求也有高耐磨使用壽命要求，因此只能選用能耐受高溫及高韌性的SKD61，再施以表面硬化，提升表面硬度達到高耐磨的使用壽命要求。

十四、YK-30材製成模板，經熱處理，再施予研磨加工後，再模板平面產生表面微裂，原因為何

案由背景詳述：

桃園龜山某特殊鋼中盤商業務員，帶來一塊以YK-30製成之模板，尺寸22mmx 400mmx 850mm，用途是沖壓模具的夾板。這是客戶向他們公司購買的材料總共四件，經機加工鑽孔後，送熱處理調質50HRC，再進行平面研磨，回廠後發現模板平面產生表面淺層微裂，微裂方向有橫向、有斜向，裂痕遇到模面鑽孔處就不再延伸，僅一面有微裂，另一面沒有，其它三塊全是如此。

特殊鋼公司業務員表示，客戶質疑材質不純造成，業務員則認為可能是熱處理製程不當，或研磨加工不良，問到底微裂原因為何？可有立即補救辦法？

不良原因分析：

從模板面微裂痕跡及走向觀察，與典型的研磨龜裂走向完全不同；一般的研磨龜裂，開裂方向和研磨方向成交叉，也就是說研磨方向是東西走向，則開裂的方向是南北，另一種嚴重研磨龜裂，則是和龜殼紋完全一樣，比較本案僅在局部，開裂方向有橫有斜，因此，推翻與研磨加工不當無關。

以先前經驗推演本案形成淺層微裂原因，應是淬火龜裂，而造成淬火龜裂的可能成因為，原素材在備料去除(黑皮)脫碳層不足，本案極可能是一面去除較多，另一面去除不夠；因此，殘留脫碳層，造成淬火龜裂，這也是形成一

邊有淺層龜裂，另一邊沒有的原因。

又因本案工件長度850mm，若是以鹽液爐處理，必定是採油淬方式，利用淬火餘溫進行油壓整平，油淬的冷速快更易造成因脫碳層殘留，引發淺層局部不規則微裂。

改善辦法建議：

依本案目前狀況微裂僅在淺層，因此建議將四塊模板以340℃×4H回火一次，再以利度較佳砂輪進行平面精修研磨。鋼材銷售商在備料時，應注意脫碳層去除必須是兩邊均等；也就是說多翻面兩次，雖然工時增加，卻可避免黑皮去除不完整。

結論：綜合前述不良原因推演，產生模板表面微裂原因，在於材料商車間的備料師傅可能便宜行事，在備料銑黑皮時一面過多，另一面僅見光，造成單面脫碳層殘留，也是影響淬火開裂的主因。為何殘留脫碳層會造成淬火淺層微裂原因？以熱處理理論推演：所謂脫碳層，就是原材料在高溫鍛打時，表層與空氣接觸形成氧化，此時基地的碳素在高溫狀態因碳勢而析出形成脫碳層，愈接近表層愈嚴重，也造成碳當量不足；同時基材的合金元素也產生氧化析出，此時的基材一定形表層與心部成份不均等，若是在進行熱處理製程時，由於表層與心部成份不同，膨脹係數不同，導熱係數、熱散係數也不同，以誇張的說法；可說成表層與心部是不同材質，當在淬火的瞬間由於物理性質不同的拉扯造成淬火開裂是必然。以過去實物經驗結論也是。由於本案有立即交貨壓力，若是能取得不良件試片，當可以金相驗證。

十五、SAE1008材經機加工成型後,再經電鍍披覆處理,當在進行鉚合時,卻產生開裂,原因為何?如何改善?

案由背景詳述:

桃園某螺絲進出口公司負責人來廠詢問,不久前接獲一零件訂單,數量相當龐大,材質SAE1008,尺寸總長約50mmL,一端ø12×35mm,另一端ø18×15mm,在ø18mm頂端成型內ϕ13mm深度15mm之盲孔。先前加工製程是:胚料→冷鍛→電鍍→車床精修加工→完成。將成品送交使用者進行鉚合,就在鉚合作動進行時,立即發生在ø18×15mm這端全部斷裂脫落。

帶來三個不良品,開裂點皆在ø18mm與ø12mm交界處。螺絲進出口公司負責人認為,SAE1008材屬於鐵材,應該是很好被加工成型,因此,質疑材質不純?到底開裂原因為何?如何改善預防?

可能不良原因分析:

SAE1008材的主要成份是,含碳量小於0.1、含錳0.3,可說是近似鐵仔料,理論上是很容易被冷間成型,但是,若含雜質偏高,是有可能在冷間成型產生開裂,尤其是含硫量超標就有開裂影響。從三個不良品的開裂處觀察,開裂處肉厚相當薄僅約2.5mm, ø18mm與ø12mm以九十度角交接,在此處應力易於集中在此,也是幾何強度最差的點。本案前製程是以冷鍛成型,必定殘留加工應力,接續的表層電鍍加工易引起氫脆產生,以經驗推演,加工殘留應力及氫脆因子，最容易在九十度角交接處釋放，當在進行鉚合時，這些影響參數就在幾何強度最差點釋放，就在此時，開裂就此產生。

改善辦法及建議：

電鍍後的防止氫脆回火是絕對必要，建議以190℃×4H進行。

原先在ø18mm與ø12mm是以九十度結合，必須改成R角幾何，可避免鍛打應力及氫脆因子在此釋放，所延生的開裂。

若是還是有開裂產生，此時就必須進行胚料球化退火，製程是760℃×2H爐冷。此法可將基地組織球狀化，可提升可鍛性及減少鍛打應力產生。

結綸：SAE1008材，在坊間俗稱「控捌料」，是屬於非常普遍應用的螺絲材料，價格非常低廉，據本案負責人說：本案原材料是購自國內某大廠，若是質疑材質不純，假設，經光譜儀檢驗果真如此，將會是災難的開始，因為，若是捨國內大廠，從國外進口，立即遭遇，成本增加，供貨不穩定的兩大難題。

因此，還是提議以改善辦法所提的建議進行，必可獲得問題解決。至於，以科學方法進行材質純度驗證還是可進行，結果可列為參考。先前經驗，曾有雜質超標胚料，進行球化處理後，開裂問題也隨之消失。

04
非鐵金屬

一、為何鈹銅經熱處理後，經折彎六支其中五支斷裂，並詢問可有方法改善斷裂問題

案由背景詳述：○○公司送處理件是探針鈹銅另件

尺寸約：ø1×25mm，素材經車、銑加工後，送熱處理，經查證後證實材質為C17200 Alloy-25 1/2H材，經析出硬化後硬度375HV0.3，本案探針鈹銅另件再由○○公司出貨給Buyer，Buyer的品管人員以手進行折斷測試，結果斷裂比率88%。

斷裂分析：

疑點一：令人百思不解的是為何以裸手折斷測試，其目的在於得知硬度韌性所為何來，目前不詳，但就抗折力是可以接受的，但得以固定冶具夾持，且折彎角也需固定，其所得值可以比擬假設使用環境需求，再將所得參數反推為材質選擇與硬度調整的考慮參數。

疑點二：為何捨現代的檢驗設備Micro-hardness Vickers做再核對，卻以裸手代勞，那為何自廠沒儀器設備，又為何不委外代驗。

疑點三：鈹銅探針在上線使用時是以點狀垂直接觸工作物，那為何裸手進行折彎測試，過去曾做過折彎測試，發現折彎角愈小愈容易斷，若折彎角≦0.2R一定斷，除非是未熱處理材。

C17200 Alloy-25 1/2H材以規範指定315℃進行析出硬化，其硬度質落在380~420HV0.3 是合理的，但本案硬度在375HV還不及下限要求，顯現其析出溫度是以Under ageing Temperature進行，實際應用上硬度下降，抗折力提升，但是還是不敵裸手摧殘。

改善對策：

材質改變為1/4H，將析出硬化溫度再調低，以降低硬度。

當然材質改變，硬度調降其抗折力提升，但耐磨耗與抗壓縮強度將遞減，必須慎思。

結論：本案最終之改善對策只是在應付客戶的要求，似乎並未切入問題的核心，應是ＯＯ公司的專業技術人員，須確實與客戶深入探討問題所在，才能真正解決為何做法落差這麼大！

二、Inconel 718材程式誤置，問是否有辦法挽救

案由背景主因說明：

本案Inconel 718材誤置入SKD61材之熱處理工藝製程，當製程結束後以硬度測試才驚覺不對勁，經向客戶求證才知大事不妙

案由細項說明：

本案Inconel 718材是經析出硬化製程，且已精加工完成，作為盛錠桶內膽；日語發音：控添那奈那；英文：Container liner，準備以紅縮方式套入外膽，結果由於未開立工令單，車間值班人員誤以為是和先前材質類同，因此誤以為是SKD61材，因此從收料的司機至收發到現場值班

人員一路錯到底，一直到硬度檢測才知簍子桶大了。

現況與對策：

經誤置工藝製程後量測硬度33HRC，原尺寸約外徑 ø300mm×內徑160mm×長度650mm，經內徑量測內徑小於 Ø160mm；換句話說是內徑尚在縮的狀態。經查閱Inconel 718材熱處理工藝製程，依強度要求分A、B。

A項固溶930℃~1010℃空冷→析出720℃×8H爐冷 →620℃×18H.

B項固溶1040℃~1070℃空冷→析出760℃×10H爐冷 →650℃×20H.

再查閱誤置SKD61製程為1020℃麻淬550℃空冷560℃ 回火；本案誤置以1020℃固溶，但持溫時間是以SKD61材 計算和Inconel 718屬高鎳合金比較以經驗推演，其固溶溫 度時間符合718材A項固溶930~1010℃區間，因此建議以析 出720℃×8H爐冷→620℃×18H為接續製程，其結果硬度將 是40±1HRC，待結果驗證。

預估本案後續影響：

本案若照先前經驗推演設定接續製程，其結果硬度OK 精度OK，那是萬幸，可能只須擔負製程費用(輕傷)。若接 續製程結束，硬度、精度任一跑位，客戶拒收，那將是大 災難的開始，首先材料與尺寸是特製品，要重製需半年， 再來是加工費，先前析出硬化費用，可能賠錢還無法了 事，不管結果如何，客戶對該公司的信心絕對大打折扣， 將來繼續配合，應該沒機會了。

結綸：本案發生至今，相信該公司接洽，經手本案人員，絕對是：挫咧等，尤其是高階主管，除了寢食難安之外，如何善了才是大問題。因此除了繼續監控接續製程是否能達到預期效果，萬一超出預期，接續的賠償談判將如何著手，此時應該預做準備，立即的防止再發生對策須馬上展開，應著重在如何防呆才是上策。

後記：

　　本案以750℃×8H爐冷至650℃×10H接續製程，結果硬度測試值45HRC和預設值接近，精度也在許可公差，因此本案以輕傷落幕。本案至此算是善終，但惶惶不能終日的滋味；代價也很高，也以此提醒各位小心再小心。

三、A公司協理協同B公司經理來廠詢問，最近的鈹銅電子零件經熱處理後，硬度符合規範但以荷重測試超標，招致退貨，因此緊急應變，改善熱處理參數將硬度降低，因硬度與原設定值相差甚巨，但以荷重測試OK，現在擔心是否影響將來上線壽命

案由背景詳述：

　　A公司是B公司的Buyer，由B公司負責沖製產出鈹銅零件，再委我司進行析出硬化處理。先前設定析出硬化允收值320~350HV0.3，每次委我司進行析出硬化處理，得硬度值皆可，且送回B科技公司進行荷重再測試值≦7克也OK。最近幾批經析出硬化製程得硬度值也在指定公差內，

但後續回B科技公司進行荷重測試得值超過7克造成驗退。因本案電子零件產製品，已經有四年以上的產品週期，且期間內的製程包括形狀幾何、沖製過程、析出硬化製程時間、溫度，均未變更。

本案最大的問題點在於A公司當初設定的允收標準是以荷重小於7克做驗收標準，而非以硬度值為允收條件。截至目前為了要達到荷重允收值，要求我司將原先設定的溫度、時間變更；也就是降低硬度值，迎合荷重允收標準小於7克。現在問題來了，雖然達到荷重允收值，可是硬度值降低，又擔心將來上線使用壽命不足，也因此提出原因探討與對策辦法。

失效原因分析：

本案癥結點在於硬度OK，荷重測試超標，理論上硬度與引張強度成正比與荷重測試也成正比；換句話說，當硬度上升荷重強度也增加，也就是荷重會超標，但問題在於硬度不變，荷重卻超出，容許值。

以經驗推演在硬度不變為前提下，讓荷重強度提升的參數有：一.表面鍍膜製程、二.形狀幾何變更、三.沖壓製程的刮痕，(Scratch mark)、四.材質合金含量變異。依前述疑點與B科技公司經理遂一驗證，首先本案未經電鍍製程；所以排除電鍍氫脆硬化可能，第二再查核形狀幾何與折彎R角未跑位，再排除因R角變異強度增加，第三沖壓製程的刮痕檢驗無擦痕；也排除因刮痕引起強度增加的可能，第四材質合金含量變異經校閱材證書；也在公差值內。本案至此，似乎陷入膠著，其實不然，再以經驗推演鈹銅經析出硬化後硬度高低值是取決於鈹含量來決定；也就是說：含鈹量較高析出硬度值較高，反之，含鈹低硬度較低，因此推演本案之含鈹量在標準值上限。

本案最終之允收標準是以荷重≦7克，其荷重是非常微小，言至此大家可能不明白，提醒一下，一公斤等於一千公克，假若8克就超標，數字是不同但差異甚小，因此更強化前述的推演結果。

對策與建言：

目前對策：

將析出硬化溫度調低得值240HV符合允收荷重標準的≦7克，但將來上線使用壽命還是堪慮。將來對策：選擇含鈹量在下限的坯料，先進行打樣在硬度值符合原先設定320~350HV；且可通過荷重允收標準，再進行量產規劃原先設定之荷重測試允收標準是否有談判空間？ 請努力！

結論：本案的失效主因，經推演與諸多驗證發現是材料，因此尋求指定固定製造品牌的鈹銅材.是將來對策也是對策保證。

四、鈦合金不好加工要求固溶化處理改善被加工性

案由背景詳述：

某日同業曾姓負責人來電：說他的客戶是做車床加工，手邊帶著鈦棒材，因非常不好加工，所以曾姓同業要求進行固溶化處理改善其被加工性，再經電話查證材質屬於 $\gamma + \beta$ Ti-6A1-4V；也就是俗稱64鈦(尺寸ø6×600mm)。

經製程推演： 以固溶化處理改善被加工性本案不可行。

理由一：

$\gamma + \beta$ 64鈦的固溶參數是925℃×0.5H冷卻至540℃必須小於1.5"秒，這麼快的冷速要求必然是淬入水中，因此以ø6×600mm之變形效應考量，絕對是很大，變形校正必是一大難題，所以將來上車床加工精度將無法掌控。

理由二：

$\gamma + B$ 64鈦的成分是由Ti、A1、V結合，這些元素都是軟質材，它的硬度是來自於析出與加工硬化，它的不好加工不是硬度問題而是刀具刀口被加工材黏着而引發加工阻抗。

理由三：

64鈦非必要儘量不進行熱處理，因為一般的真空爐、光輝爐都是用氮、氫做保護氣體，鈦金屬與氮結合易產生氮化鈦與氫遭遇易產生氫脆化，特別是以NH_3裂解之保護氣體，這些氮、氫對鈦金屬更易產生脆化危險。

所以目前使用真空爐、光輝爐進行鈦合金熱處理都改以氬氣當保護氣體，但成本相當高，也有使用大氣爐利用空氣中的氧與鈦金屬產生氧化皮膜，可防止氫脆與氮化但氧化皮膜的去除對於鈦金屬表皮的平整會有影響，再就去除皮膜可利用機械式或化學方式但也是成本的增加。

建議**改善辦法**：

改善切削刀具的切削角度，以利避免切削屑沾黏在刀口為主要目的，切削刀具表面封孔可改善刀口黏着，可利用金剛皮膜。可利用退火改善其被加工性，但前提得經使用者同意，因為退火後之64鈦它的室溫延性，室溫韌性是提升，但硬度及機械強度是下降的。(退火參數是750℃×4H冷於空氣中)

結論：同業要求以固溶化製程改善64鈦的被加工性，經前述的推演最終以不接單結案。

五、為何鈹銅零件經真空爐析出硬化再以手工校正變形不會斷裂，但以大氣回火爐析出硬化再施以手工校正變形，結果全數斷裂

案由背景說明：

新莊某家機加工廠老闆來電，他應客戶要求製做一批以鈹銅製成的漏斗狀圓管夾，委外熱處理，該熱處理廠以大氣回火爐進行析出硬化，回廠後進行二次加工引發變形，隨後以手工敲擊校正，結果全數斷裂因而全報廢，隨

即以同批材質同樣加工程序再重製一批，送另一家熱處理廠，該廠以真空熱處理進行析出硬化，回廠後再進行二次加工也引發變形，隨後也以手工敲擊校正，結果都可以如願回到熱處理前之形狀幾何，沒有一件在敲擊校正中開裂，老闆將斷裂品與完整品以硬度測試進行比較，結果硬度是一樣，問為何硬度相同耐沖擊不同？老闆也強烈質疑是否以大氣回火爐進行析出硬化處理因而產生脆性，導至敲擊校正引起開裂。

案由分析：

老闆質疑以大氣回火爐進行析出硬化而引發脆性，以過去經驗認定不會也不可能，所謂大氣回火爐就是在一大氣壓下，沒有氣體保護的爐中加熱進行析出硬化處理，鈹銅件的析出硬化溫度約在250℃~450℃區間，在此溫度區間持溫，若無墮性氣體保護，鈹銅件的表皮會因高溫產生氧化着色，但對硬度絕無影響，也不會產生脆性，以手工敲擊進行變形校正，因為以人工敲擊施力不可能平均，敲擊點也不可能同位置，因此以手工進行敲擊而引發開裂，以此判定材質或耐沖擊度，確實有失公允。為何硬度相同但耐沖擊不同，也就是抗折力不同？鈹銅材是一種特殊材料：它確實可利用不同的析出硬化溫度，做出相同硬度，但機械性質差異很大。

比方說以C17200材為例其最高硬度之析出硬化溫度在315℃，可得硬度值達430HV0.3，但假設硬度要求在350HV0.3，此時有兩個方法可達到這個硬度，一是過析出；也就是以超過315℃的溫度進行析出硬化，另一是以低於315℃溫度進行析出硬化，這兩個製程溫度不同但可達到相同硬度，但此時它的引張強度及延伸率也就是耐沖擊卻完全不同，以過去的實務經驗得知，以低於315℃進行析出硬化相較於高於315℃的析出硬化在延伸率也就是耐沖擊，還是以低於315℃的析出硬化的耐沖擊較好，而且好很多。

結論：經前述推演可能影響手工敲擊斷裂之影響參數有貳：一是手工校正敲擊力道不均與敲擊點可能較靠近有折彎角或九十度角邊緣。另一可能是採用315℃之過析出溫度進行析出硬化，就會造成硬度值相同但延伸率下降；因而產生易斷失效，再就是真空爐與大氣回火爐進行鈹銅析出硬化，若是在指定的溫度、時間下進行處理，其硬度相同機械性質也一樣；也就是強度、韌性無差異，僅色澤不同，真空爐處理件表面是原色，大氣爐是氧化着色，若是未清洗沾油漬更可能形成表面碳化，截至目前老闆尚無法提出鈹銅番號，及硬度測試值及實體不良品，因此只能以過去經驗推論。

六、純鎳線如何退火軟化？將來抽線加工的模具使用何種材質比較合適

案由背景說明：

台北市內湖有家電機工廠負責人來電詢問，手邊上接到一張訂單，有某一部份需用到純鎳，訂單上載明必須用到2.4mm直徑的純鎳線，但供應商僅能提供3.2mm直徑的

材料，且供應商提供意見，須將原尺寸**3.2mm**直徑的線材先行退火，再進行抽引加工即可，因為是第一次使用純鎳材所以沒有先前經驗，問要如何退火？再就是那一種鋼材製成的模具較適合當抽線模具？

退火目的及可能的軟化退火方法分析建議：有關純鎳退火軟化，並無先前經驗，不過可以用近似材質推演，鎳200、鎳201這兩種材質其含鎳量達99.5%與純鎳幾乎相近。1

軟化退火的方式有開式、閉式、鹽液式三種。

1.開式850℃×0.5'~5'利用真空爐，加壓冷卻。

2.閉式730℃×2H~6H利用氣體保護回火爐，冷卻方式，空冷。

3.鹽液爐850℃×0.5'~5'油冷。

依本案ø3.2之線材建議利用真空淬火爐，以開式850℃×5'×3Bar冷卻，製程結束後，截一段上線抽引，若OK最好，萬一不理想，可再進行提高溫度之二次退火，據文獻記載鎳之退火溫度從700℃~1200℃都是可能參數。鎳合金為何要進行退火？是由於線材在冷間進行抽引以獲得必要的直徑要求比方說ø5縮小成ø3，此時也由於冷間抽引而引發的加工硬化，也因此必須進行退火軟化，方可再進行接下製程，否則由於先前冷間抽引而產生的加工硬化將導至，線材再抽引時坯料在模具中流動不良將造成Ø徑跑位及模具損耗和可能的線材扯斷。

使用模具建議：

純鎳材經軟化退火後，先前的冷間加工硬化所產生的硬度會降下來，因而可獲得極佳的被加工性及延展性，但軟化的鎳材反而容易沾粘更造成抽引夾屑的機率，又由於抽引時的擠壓易形成高溫，若量少建議使用粉末高速鋼當模具，但磨擦接觸面必須鏡面拋光至粗糙度Ra0.2以下，量多建議使用碳化鎢當模具，磨擦面也必須進行鏡面拋光至粗糙度Ra0.2以下。

七、為何鋁合金6061材製成之滑動棒，上線使用三天即因斷裂而下線

案由背景詳述：

新竹某機械零件製造廠負責人，帶來以鋁合金6061材製成滑動棒的斷裂不良品一支，已斷成兩段，原尺寸總長是100mm，由ø10x30mm連接上ø6x70mmL，在ø10mm圓徑中心鑽ø5mm深度29mm以螺絲孔，做為固定滑動棒用途，本案是以車床加工一體成型，再經硬陽處理後，交由客戶上線與套筒上下作動使用，結果才三天，就在ø10mm與ø6mm相交處段成兩截，因而招致客訴。機械零件廠負責人表示，本案是開發件，客戶曾向國外購買同樣材質、尺寸之零件，使用壽命都超過三年，為何本案不良品僅三天就下線？是否材質太硬？經詢問材料供應商，回覆是原素材已進行T6處理。什麼是T6處理？和本案不良斷裂是否有直接影響？

造成斷裂之可能原因分析：

本案滑動棒是與套筒形成上下滑配作動，斷裂處在

ø10mm與6mm交界，在交界處是以車床加工成斷差，且交界處幾乎近90度，以深度規從ø10mm圓徑上端量測ø5mm螺絲孔深度是29mm，因此研判肉厚僅剩大約1mm的厚度，又加上ø10×30mm與ø6mm交界處加工成90度角，易形成加工應力集中，和肉厚太薄，造成強度減弱，當滑動棒與套筒作動時，只要稍為偏心即產生側向受力，又本案零件先前經硬陽處理，表面已形成硬化層；當然延展性降低最終引起斷裂，這應是造成斷裂的最大影響參數。6061材經固溶處理，再施人工時效就是T6處理，標準製程是，加熱至530℃±20℃水冷，再經160℃±5℃×18H空冷，因此經T6處理硬度會提升也比較脆。

改善辦法：

滑動棒之ø10mm與ø6mm交界處改成大R角和加大斜度，此舉將會改變幾何尺寸得徵求使用者同意。滑動棒ø10mm上端之ø5mm螺絲孔深度為29mm，將之縮短為小於27mm，ø5mm之螺孔改成ø3mm，增加肉厚強度。

前述建議因涉及改變原設計，若無法求得使用者同意，可將本案6061材先施予退火處理提高抗折力和延展性，再進行機械加工和後續處理，應可解決斷裂問題。(退火條件是410℃×2H空冷)

結論：理論上鋁合金6061材屬非鐵合金，相較於鐵碳合金鋼，它的韌性和抗折力是相當優越。本案造成斷裂主因，應歸咎於設計瑕疵，造成肉厚太薄強度下降，在使用作動中易引起斷裂，並非是基材太硬引起。

八、為何C3604材經退火後上線整配，仍然有5% 開裂

案由背景詳述：

新莊某家機加工廠之品管主管，帶來以C3604材之電線接頭，數件打樣不良品，先前製程是以棒材經車床加工成型，尺寸約外ø6內ø4.5x20mm，送到本廠進行退火處理，回廠後進行裝配；也就是將電線穿入接頭內孔，再以夾具壓扁藉以固定電線，卻是有5%的接頭產生裂痕，這裂痕將會造成短路引發電弧，因此，無法交貨。問產生原因為何？如何改善？

不良原因分析：

C3604是屬於加鉛六四黃銅，它的成份是：銅57%、鋅40%、鉛3%，因為含鉛脆性高，較易被切削；稱為快削黃銅，也因為含鉛脆性高延展性差，當在進行高速切削成型時所產的高溫，會使基材因高溫而產生加工硬化，提高基材硬度也增加脆性，又加上基材含鉛的脆性，雖然退火處理仍無法完全消除脆性，這也是C3604材的缺點也是它的優點。

改善辦法：

因為是打樣品，尚未進入正式量產，因此只要提高退火溫度，必定可解決開裂問題。先前退火溫度510℃，提高退火溫度以540℃、570℃、600℃各以少量樣品測試，直到用戶不良率歸零，再以此溫度、時間製定SOP。

結論：本案C3604材雖經退火處理，但以夾具壓扁仍有5%開裂，導因於基材先天脆性高，及退火溫度偏低，因此只要提高退火溫度，立即可解決開裂問題。C3604材之含鉛量1.8~3.2都是在常規範當中，因為含鉛比率不同，延展性不同脆性也不同，因此，只要是客戶使用基材不同批次，必須重新再設定新退火製程。

九、鋁合金圓棒不易折彎且經多次折彎會變硬，如何改善？為何競爭對手的圓棒經多次折彎不會變硬？

案由背景詳述：

新竹某儀器製造廠經理來電詢問：日前承接一項儀器訂單，其中一個組件，必須有曲度相當大折彎需求，因此，就採用鋁合金6061材，尺寸約ø6×150mm，數量約1000PCS，取數支經過手工折彎測試，發覺不易折彎，再經多次折彎，卻產生更不易被折彎，必須費很大力氣才能彎曲，因此，承接的案子必須暫停。問原因為何？如何改善？競爭對手已經將鋁合金圓棒製成組件，經過手工折彎測試，並無變硬及不易折彎的問題產生，問對手是如何辦到的？原因為何？

可能不良原因分析：

本案僅以電話通聯，因此，僅能以過去經驗進行可能原因推演。市售之6061材，大致上都是以T6狀態供應，所謂T6狀態就是已進行固溶處理和隨之的析出硬化處理，因此，具備很高的強度，6061材含相當高比率的鎂和矽更增加基地硬度，這也是為何不易折彎的原因，又因為多次折彎更引起冷間加工硬化，當然更不易被折彎。競爭對手所使用的鋁合金圓棒，為何經多次

手工折彎，不變硬也無折彎阻抗的可能原因有：

材質不同；可能使用低合金高延展性之近似純鋁材。

可能使用僅固溶沒有進行析出的鋁材，以熱處理術語來論述就是：僅進行T4處理的鋁材。

改善辦法及建議：

1. 將競爭對手使用的鋁合金圓棒，送檢驗單位，進行定性定量分析，得以確定是何種材質。

2. 將原先採用的6061材進行440℃×2H的退火處理，再進行手工折彎測試，若是能達到易折彎要求，就以此方法應對。

3. 若是經440℃×2H之退火處理尚無法達到要求，建議以520℃×30' 淬水，水溫必須低於38℃以下，進行T4處理，可得最高之延展性。

結論：本案儀器製造廠所承接的組件訂單，僅是拷貝件而非研發案，因此，只要檢驗單位的檢驗報告出爐，按照檢驗結果選購相同材質，一切問題必可迎刃而解。本案客訴顯露出客訴發起人，在接案初期便宜行事，並未先探究是何種材質，再下單進行採購，這才是本案客訴主因。

十、雙合金片Clad Metal經定性處理後，變形不良率數量超過預期，原因為何？如何改善？

案由背景詳述：

新北市某專營雙合金材的公司負責人來電：日前銷售一批鐵鎳雙合金卷材，合金配比與尺寸因保密協定無法公佈，用途：安全斷電開關，製程是：雙合金卷材→沖壓→零件→尺寸檢OK→315℃×40'→尺寸檢驗不良率15%。如此高的不良率必使生產成本增加，因此，客戶質疑是否材料品質不佳引起？

雙合金銷售公司負責人，到客戶生產線上觀察生產製程，發現，客戶將雙金片經沖床加工成零件製品，以籃治具裝載，直接進入已加熱至315℃的大型烤箱恆溫40分鐘，時間到立即取出任其空冷。問如此的定性處理製程是否妥當？與變形不良率是否有直接關連？如何改善？

可能不良原因分析：

雙合金片Clad Metal是一種由二種金屬或二種以上之金屬經特殊冷軋壓延技術，使其結合成雙合金片，其目的在於結合各個金屬的不同特性，諸如不同的導熱、散熱、耐蝕及機械強度等等，應用在特殊場合要求。本案之雙合金片是利用鐵鎳板材，在加熱時，由於鐵鎳元素熱膨脹係數，導電率差異極大，將之使用在本案安全斷電開關。

鐵鎳雙合金材經沖壓產製成零件後，必須進行定性處理。本案客戶將沖壓製品以籃治具裝載，直接進入已加熱至315℃的烤箱，此一瞬間雙合金受到極劇烈溫升，由於是鐵鎳元素熱膨脹係數不同步，因此，必定立即引起如放鞭炮似的彈跳，又因為是堆疊裝爐，受熱不同步，彈跳更是此起彼落，不但造成碰撞擦傷，也引起應力釋放不均。直接進入已加熱至315℃的烤箱，此一瞬間雙合金受到極劇烈溫升，由於是鐵鎳元素熱膨脹係數不同步，因此，必定立即引起如放鞭炮似的彈跳，又因為是堆疊裝爐，受熱不同步，彈跳更是此起彼落，不但造成碰撞擦傷，也引起應力釋放不均。

當315℃持溫40'結束，立即從爐內取出任其空冷，此時，由於從高溫降至室溫，個件遭受如此大的溫度落差振盪，又加上未預熱直接投入315℃的急速升溫振盪，變形扭曲就由此產生。

改善辦法及建議：

沖製完成之個件裝入籃治具後，在室溫狀態下進入烤箱，再以每分鐘10℃加熱至315℃×40'任其爐冷至200℃以下，再取出置於室溫冷卻。如此做法大大降低熱振盪影響，可立即改善變形扭曲不良率。應該採用專用回火爐，理由是：配有對流攪拌葉、溫度分佈及溫度控制及均溫性較易掌控。

裝載治具，以網籃治具、加上網蓋，理由是：熱導均溫較優，可防止雙合金個件受熱彈跳蹭傷。

結論：本案雙合金片定性處理，所引起的變形，應是由於客戶對於雙合金片材質不了解，也可能是，為了縮短熱處理製程時間，借以提高產能的便宜措施，致使，變形不良率超過預期，若是在產出物的數量及價值許可，建議客戶購買專用真空回火爐，不良率絕對可以大大減低！

05
表面處理

一、為何工件氮化處理後，孔徑縮小

製程履歷背景說明：

S45C材尺寸約ø80×80mm經車床加工後，中心鑽一孔約ø3，未經調質處理，即送OO公司進行軟氮化，回廠後以ø3檢具進行緊滑配檢測，結果約5%插不進；也就是NG 5%。

再提問為何以前不會縮孔，現在為何發生？且材質、加工製程，十幾年未變，而且零件批號之幾何公差要求也是十幾年未變？

失效原因分析：

S45C材經機械加工完成，未經調質處理即進行軟氮化，當然會變形，工件隨著氮化進行中的溫度上升，它的長度方向也會隨著溫度的上升而增長，且在不同的溫度區段停置，會有不同的尺寸增長效應，以經驗值得知，幾乎是溫度愈高，長度長的愈長。那為何以前不會縮孔，現在卻有5%不良率？以經驗值判定，先前它不是縮孔，也非縮小，應該是長度方向長長，將中心ø3孔拉長變橢圓而非縮孔，在氮化進行中，被處理件一定會增長，只是增長的變寸在容許公差當中，而非以前不變寸現在變寸，這一批次在進行氮化時應是超爐溫，也就是超過平常製程溫度，附和溫度愈高長的愈長，也將中心的圓孔拉的更橢圓，當然檢具插不進，而造成NG。

失效對策：

這批次不良原因，應歸咎於爐溫超過原設定值，因為不良率僅5%，因此推估可能爐內加熱區，局部超溫，也可能對流攪伴葉失效。因此立即點檢氮化爐是第一優先。S45C材在氮化製程前，母材先施予調質，再機械加工、再進行氮化。若在規範內對S45C材零件，之母材(基材)硬度不要求，可考慮以650℃實施應力消除代替調質，再接續製程也可。

二、為何導柱經氮化製程後在長度方向縮0.02mm？可有改善辦法

案由背景詳述：

新莊某機械零件製造廠的經理來電詢問，為何以SKD61材製成的導柱經氮化製程後，進行精度量測發現在長度方向縮0.02mm，且先前製程是，粗加工→淬火→高溫610℃回火→再精加工→氮化，理論上不應該有尺寸跑位的問題且又是長度縮短並非增長，問可有改善辦法？本案氮化是委外新莊某家鹽液氮化熱處理廠加工，經理質疑氮化製程中可能某個環節出問題？

不良原因分析：

據經理口述，本案在氮化前之機械加工程序及熱處理淬火和高溫610℃回火等製程是非常標準的氮化前必須進行的程序，理論上是不應該也不會造成長度方向縮寸0.02mm，以過去鹽液氮化經驗推演，不應該是縮短而是增長，以先前經驗鹽液軟氮化之操作溫度約在570℃左右，若被氮化材在氮化前之調質回火溫度一定得大於570℃再

加30℃以上，可避免氮化時之高溫影響尺寸精度，但本案零件確實經過610℃回火，理論上不應該尺寸跑位，即使跑位應是增長而非縮短，因此研判鹽液氮化爐之操作者有誤操作之嫌，在進行鹽液氮化前，先得以300℃將被處理件進行預熱再投入570℃之鹽熔槽進行氮化，待氮化持溫時間足夠在進行冷卻，此時操作者必須選澤冷卻方式，對於精度要求高的，是採用置放在常溫下任其冷卻至常溫，或採用先空冷至100℃再油冷或水冷，但本案操作者可能圖快，直接從570℃之鹽熔槽取出被氮化件，即淬入水中或油中導致本案導柱之長度縮0.02mm。

改善辦法：

將不良品再施以610℃或以上的溫度進行再回火，它的尺寸會再長回來，至於長多少？因為沒有先前經驗無法告知，不過可以確定一定會增長，但此時基材的硬度會下降，且原先氮化層硬度在此時會由表層擴散至基地；換句話說表層硬度會減少，因此得再重新氮化。再氮化之前得進行精加工，因為當再進行610℃或以上的溫度進行回火，原尺寸精度會跑位，所以必定得進行再精加工，建議後續再氮化由本公司接手，我們公司的專利無白層氮化溫度低於500℃以下，且是從常溫加熱至作用溫度，再由作用溫度空冷至常溫絕不會也不可能產生精度跑位與縮寸的問題。

結論：鹽液軟氮化是所有氮化製程中，可以用極短的時間得到應得的硬度及深度要求，但操作者必須精於判斷，對於尺寸精度及幾何公差要求及材質等，選擇冷卻方式，若選擇冷卻方式不適當將引起縮寸、變形，有些含高碳合金鋼可能引起微裂，甚至於含高鎢、鈷成份之鋼材更可能開裂報廢，因此建議

　　經理若因交件壓力緊迫，必須施予鹽液氮化，必須告知鹽液氮化操作人員小心選擇冷卻方式。

三、40Cr材經離子氮化，尺寸跑位，如何避免？為何氮化後的工件有局部着色，如何防止

案由背景詳述：

　　中國上海某台商經營的針織機製造公司，將40Cr材機械加工成圓盤針筒，再送入廠內自設的離子氮化爐，進行表面氮化處理，製程結束後發現圓盤針筒尺寸跑位，且有工件局部表層黑灰色發生，問如何防止尺寸變形及局部着色等問題？本案是由該廠離子氮化部門主管提出，本案工件完成尺寸約外Ø650mm內Ø450mm厚度約25mm，離子氮化溫度510℃。

不良原因分析：

　　原則上氮化是最終製程；也就是氮化製程結束後，工件就可上線使用，因此只要變形產生等同於工件報廢，以過去經驗推演本案失效原因應是，氮化前並未進行應力消除。至於氮化後工件着色的原因，應是工件清洗不乾淨及爐內膽壁屯積過多先前殘留的污垢，和氮化物，當在進行氮化時被離化的氮、氫離子撞擊將氧化物、污垢再次剝離

造成二次污染引起着色。

改善辦法：

防止氮化變形及尺寸跑位，必須從氮化前的前製程進行改善，坯料40Cr→粗加工(預留應力消除變形量)→應力消除560℃~600℃x4H→精加工至最終尺寸→離子氮化→完成品。

依本案工件完成尺寸預留應力消除量為：外ø651內ø451厚度約26mm。

有關離子氮化着色預防，必須定期用砂布輪清除累積污垢，再使用吸塵器吸除，工件進爐前必須用超音波洗淨機搭配碳氫溶劑清洗，再進行烘乾，方可進行氮化製程，不但不會着色也可避免因雜物引發尖端放電造成弧傷，更可能引發可怕的燒熔。

結論： 本案失效主因是氮化前並未進行應力消除，因此請必須依照改善辦法所提示方法進行，必可防止因應力釋放引發變形造成尺寸跑位，雖然工序增加，工時也增加，但精度品質絕對合規。

四、是否可以用SACM-645材進行氮化處理，基材硬度還可維持40HRC度以上的高硬度

案由背景詳述：

本廠品管接獲廠商詢問，先前曾接獲客製零件訂單，指定以SACM645材先調質至30±2HRC，經機加工成型再

進行氮化，先前製程及尺寸精度全OK，但目前再接獲客製零件新訂單，也是指定以SACM645材，但基材硬度指定40HRC，廠商擔心如此高的硬度，是否在進行氮化製程時會造成硬度下降及可能的精度跑位？

案由分析：

前述廠商擔心的問題是存在的，因為以SACM645材，假設零件ø徑在50mm，以熱處理進行調質，條件是880℃×60淬油，再以500~510℃×3H進行回火硬度約在40~42HRC，若施以一般的氣體硬氮化，溫度約在510~530℃，稍高於基材先前調質的回火溫度500~510℃，此時因氮化溫度高於調質的回火溫度，一定會將基材硬度降低，且氮化時間一般都大於8小時，因此基材硬度極可能降至36HRC以下，且因硬度下降帶動精度跑位，若以氣體軟氮化或鹽液氮化，其作用溫度皆在560~570℃上下，將造成基材硬度下降更低，精度跑位更嚴重，因此更不可行。

改善方案：

可利用我司獨家專利之真空無白層氮化製程，絕對可以應對本案的特殊要求，因本廠專利特色是以超低溫進行製程，因此不會影響基材硬度，也不會使精度走位，以先前經驗，經專利製程後之表面硬度可達1000HV0.3以上深度大於0.15mm。

五、可有何種低價材質，施予表面處理後還可與高速鋼SKH9材匹敵

案由背景詳述：

新北市三重區某家特殊鋼銷售公司的經理來電詢問：有位客戶是生產針織機，機器中的轉盤上模仁零件是和SK5材製成的織針進行作動，也因為其往返作動就是是織布的進行，轉盤是針織機的主軸，相當於人的心臟，轉盤是以70只~90只的模仁零件組成一圈，四圈組成一個轉盤，因此模仁零件扮演相當重要角色，多年前使用SKD11材因使用壽命不佳招致客訴，後來改以SKH9材取代，之後就不在有客訴，但近年來SKH9材單價飆高至一公斤750元，已不符合成本？！又加上SKH9材不易加工；在進行成型加工時刀具損耗快速，也不易研磨，因以上諸多因素，所以想變更較低價也較好被加工材質，再施予表面強化處理後，是否可與SKH9材有相同上線使用壽命？問使用何種材質可取代？何種表面處理不但是價格有競爭力，又能達到本案訴求？

案由訴求分析：

以先前多年和針織機械廠接觸經驗和客訴處理驗證做推演，本案目前是以SKH9材製成的模仁零件在使用壽命上是OK，但由於材質價格昂貴和不易被加工所形成的高加工成本，造成營收利潤降低，引發必須降低成本的想法；也是本案主要訴求。

織針是SK-5材製成，該材質合金成分中含有較高的

碳、錳、矽，硬度介於58至62HRC，多年前曾使用SKD11製成之模仁零件與SK-5的織針作動壽命不佳，是由於SKD11材一般使用在針織模仁其泛用硬度是62~63HRC，在使用中若是處低速運轉尚可維持使用壽命，若在高速運轉時會產生高溫，此時SKD11材製的模仁立即因高溫而引發質變與硬度下降，當然也導致提早下線引起的客訴。後來改成SKH9材製成之模仁零件上線，能獲得客戶信賴，這除了SKH9材可達63~65HRC的高硬度，再就是SKH9材含有高碳及鎢、鉬抗高溫元素可耐受高速運轉所產生的高溫，不會有質變與硬度下降的問題，當然使用壽命優於SKD11材。因此推演將來要採用的材質，必須能承受高速運轉所產生的高溫還可維持高硬度訴求，才可迎合本案訴求。

改善辦法：

建議使用日本大同公司生產的DC53材，理由是：DC53材若是以1040℃淬火再進行530℃回火硬度可維持在63HRC，且DC53材的被加工性優於SKH9材，也由於較好被加工可省刀具損耗和省工時，它的每公斤單價尚不及SKH9材的一半，因此對於材料成本和加工成本考量是大加分。經機加工後在施予熱處理製程，再經研磨加工達精度尺寸的針織模仁零件，送回我司進行專利真空無白層氮化，製程結束後基地硬度還是維持在63HRC，表面硬度達1050HV0.3以上，相當於70HRC，可保證幾何精度不走位。

DC53材經高溫淬火及高溫回火可耐受高速高溫環境，

表面再行本公司專利無白層氮化可提升其抗高溫及高耐磨需求，且筆者曾近距離觀察針織機的作動，模仁與針的行進僅是滑動摩擦，更可確認以上建議是可和SKH9材匹敵。

結論：以成本做為考量只要按照改善辦法中建議進行即可，經概算後大約可省下超過百分之五十以上的成本費用。

六、為何鉚釘經磁性退火後，再經鍍鎳披覆，在鉚釘頭端面產生不規則凸點

案由背景詳述：

新莊某熱處理同業負責人帶來一批鉚釘不良品，負責人說：這是客戶生產的鉚釘，由他們接單進行磁性退火處理，製程結束後，再由客戶轉送電鍍廠進行鍍鎳處理，回廠後，客戶進行出貨檢驗，才發現在鉚釘頭平面上，有不規則的凸點且大小不一，因此招致客訴。

據負責人表示：

與這家客戶接單配合已經數年，從未發生如此現象，本案發生是在最近兩爐，之後並未再發生，且熱處理參數完全一樣。不良品比率約佔整爐的百分之五十，目前客戶質疑可能是在進行磁性退火製程，發生沾粘導致凸點，熱處理負責人認為可能是，鉚釘成型模具損傷造成，問可能形成凸點原因為何？如何防止？

可能造成不良原因分析：

以肉眼檢視這些所謂的不良品，鉚釘頭端面上的凸點，發現凸點大小不均一也不在同位置，檢視數量30PCS，因此推演並非是，成型模且在已局部凹陷損傷狀態下，還繼續生產造成凸點，若是凹陷模具所產生的凸點，其大小及位置一定是相同，因此推翻同業負責人說法。也同時推翻客戶質疑，可能在執行磁性退火製程中，因高溫引起沾粘，因為若是沾粘發生，一定有某些鉚釘頭是凸點，有些鉚釘頭是凹點，更可能產生鉚釘頭全粘在一起，但實際上觀察數量約30PCS並未發生如此現象。

本案不良品良已實施鍍鎳披覆，因此鉚釘成香檳銀色，以肉眼觀察凸點與平面週邊界在處，呈現相當明顯色差，再以15倍顯微鏡觀察介在色差處，發現是由微小的凹點組成；類似麻面，因此判定為過度酸蝕現象。因此，推演，可能由於油漬造成局部污染，當在進行電解時，這所謂的局部是不導電也是阻抗處，局部的週邊因酸鹼電位差及過度放電，造成局部過度酸蝕和往中間堆疊，形成凸點及週邊介在處麻面，且發生處在鉚釘的頂端平面，剛好是線材的橫截面，是易造成尖端放電的處所，也是材料非金屬介在物集中處，更加速局部過度酸蝕及往中間堆疊現象。

將本案不良品鉚釘，擲入硫酸銅5%+水95%溶液中，進行，15分鐘以後，發現只有凸點及色差介在週邊無銅着色，其它處幾乎完全着銅色，更可驗證凸點及色差介在週邊，確實有阻抗，造成阻抗原因，可能是油漬污染。

改善建議：

經前述推演及檢測造成不良品的可能原因，應是油漬污染造成，因此建議披覆前的清洗脫脂必須加強。

結論： 造成鉚釘頭端面凸點及週邊介在處麻面，並非是熱處理製程失當或成型模具損壞所造成，形成不良原因的兩大參數是，鉚釘頭平面是線材的橫截面，是非金屬介在物集中處，也是易於引起尖端放電的平面，和極可能的油漬污染形成局部阻抗，造成週邊酸鹼電位差和過度放電，形成表面酸蝕和往中間堆疊；也就是凸點和週邊介在"麻面"。

七、以SKD61材製成之塑膠模具，送到國外經使用者拆箱，即發現模穴面有嚴重麻點，問何種原因造成

案由背景詳述：

桃園某知名特殊鋼公司的業務，帶來一塊客訴塑膠模具，基材是他們公司販售的SKD61預硬鋼，在成型模面上佈滿麻點，據客訴客戶表示：本案在機加工成型後並未試模即裝箱送往國外，當國外客戶收到後拆箱，即發現模具成型處已產生嚴重麻點，本案模具成型處有兩穴，兩穴是經過拋光加工，全發生成型模面麻點，因而無法生產，招致退件，客戶質疑是材料瑕疵引起客訴，因此要求損壞賠償。

特殊鋼公司的業務表示：已先行自我檢驗本案不良

件，以線切割將模具切開，觀察斷面並未發現材料心部有麻點及孔隙，再在模面以銑床加工30mm×30mm×10mm觀察被加工處也並未發現孔隙及麻點，問麻點到底如何形成？是材質缺陷還是加工問題？

不良原因分析：

根據業務帶來的客訴件觀察發現，本案產生麻點缺陷，僅是在兩處模穴，模穴是經過拋光，麻點呈現均勻分佈在模穴內，且每個麻點自心部已經衍生微小銹斑，以過去經驗推演，發生麻點原因是：應是過度拋光造成麻點現象，也就是說在拋光過程中，由於砂布嚴重夾屑，不但失去切削能力也形成高溫磨擦，將模具表層的碳化物自基地剝離，被剝離碳化物的表層會形成小坑洞，此時以肉眼觀察是看不見的，經上線試模，由於塑膠模具的對手材，幾乎是帶酸價的原料，在進行射出成型時必須加熱，也由於加熱而產生酸氣，進而將原已形成小坑洞的模面惡化成肉眼看得見的麻點。致於客訴客戶所說：並未試模即裝箱運往國外，當國外客戶收件後拆箱，即發現模面產生嚴重麻點。有關此說法，並非事實，因為，以業界慣例模具驗收前必須經T1、T2試模。

改善對策：

在模穴尺寸精度尚有容許公差，可重新拋光，以100#→400#→800#→1200#→1600#→2000#→鏡面，循番必須改變拋光角度45度以上，若沾屑即刻更換砂布。若模穴已無容許公差，只有以鍍鉻披覆，再重新拋光。

結論： 本案模穴面產生麻點，並非材質問題，而是客戶不諳拋光技術，造成過度拋光形成麻點，致於客戶所說：模具並未使用過；包含試模，依先前經驗推演，絕非事實，這是客戶倒果為因的推諉之

八、SUS420J2材經氮化處理後，發現尺寸增大，何種原因產生？是否有辦法讓尺寸還原

案由背景詳述：

新莊某氮化熱處理同業來電詢問，有一直接用戶以SUS420J2材製成之圓桶實心模仁，底部約ø50mm長度100mm×4PCS，模仁頂端有成型雕刻，先經調質處理至50HRC，再經精加工後，試模OK再送回熱處理廠，進行氮化處理，回廠後進行滑配試模，發現模仁經氮化製程後，不但直徑增大，長度方向也增長，4支模仁完全無法使用。

熱處理同業問：是何原因產生尺寸變化？可有辦法讓尺寸精度回復？

不良原因分析：

SUS420J2材製成之模仁，經調質處理後，再進行氮化處理，這是標準製程理論上不應該產生尺寸精度變異。以過去經驗推演可能產生精度變異原因應是，氮化操作溫度大於調質的回火溫度，才會造成尺寸精度增大增長。

本案SUS420J2調質硬度是50HRC，依本案模仁工件ø50×100mm推演先前可能熱處理製程是，1030℃淬火

520℃回火硬度50HRC，或1030℃淬火280℃回火50HRC。本案同行的氮化溫度是540℃x4H。

依所推演可能的SUS420J2模仁的調質回火溫度，不管是高溫520℃回火或低溫280℃回火，都低以氮

化溫度540℃，因此，在氮化製程結束後，發現尺寸精度，不管是在直徑方向或長度方向，都發生增長，

這是正常現象。依過去實物經驗，避免氮化引起尺寸精度跑位的唯一方法是，調質回火溫度必須大於氮化溫度30℃以上，依本案氮化作用溫度設定540℃，推演調質回火溫度必須大於570℃以上，此時基材的硬度會落在45度。

綜合前述不良原因推演，本案不良原因產生，在於實施氮化前，同業並未就客戶調質硬度推演調質回火溫度，就冒然進行氮化處理，這也是本案失效主因。

改善辦法：是否有辦法讓尺寸還原？

方法一：先退火再重新淬火、回火尺寸可還原。若是客戶指定基材硬度50HRC，絕不可再以540℃進行氮化，否則會再次失效。可採用我司專利低溫無白層氮化，保證可避免尺寸精度跑位。

方法二：以研磨加工的方式將尺寸精修到位，再施以我司專利低溫無白層氮化即可。

結論：本案失效主因，在於同業並未在實施氮化前，先了解先前熱處理製程參數。同業氮化製程溫度540℃以經驗推演SUS420J2、50HRC的可能回火溫度最高僅

520℃，這注定本案一定失效，不但造成尺寸精度走位，同時帶動基材硬度下降，以經驗推演目前失效件心部硬度約48HRC。

若是同業在實施氮化前，已得知本案模仁硬度50HRC，理應放棄接案，或告知客戶先實施570℃高溫回火，將硬度調降至45HRC，經精加工後試模OK，再進行氮化，但提高回火溫度調降硬度，必徵求直接用戶同意方可實施，否則基材硬度下降，抗壓縮壓強度也隨之下降。

九、SKH-9材經TiN鍍層被披覆，再進行真空淬火處理，卻發生鍍層不見了，原因為何？如何改善？

案由背景詳述：

中國浙江某熱處理同業來電詢問，日前承接一批以SKH9材製成之內六角成型沖棒熱處理，尺寸大約ø30×150mm，硬度要求65HRC。先前製程是，SKH9材→機加工成型→CVD TiN披覆。接續再進行真空熱處理淬火，就在淬火完成後，卻發現，成型六角沖棒的TiN鍍層幾乎完全不見，僅有幾個各件局部倘稍有些許鍍層存留。這等於宣告必須重工。客戶質疑，真空熱處理設備及製程出了狀況，熱處理同業表示，本案所有各件經淬火後，雖然TiN鍍層不見了，但是，每個各件表面卻都是色澤光輝，因此，認為是鍍層出問題？到底原因為何？如何改善？

可能不良原因分析：

TiN鍍層是以CVD方式進行，所謂CVD就是以化學氣相沈積，作用溫度介於600℃至1000℃區間，對於工具鋼及高速鋼相當於A_1、A_3變態點，也等同於退火溫度，因此，CVD製程結束須再進行真空熱處理淬火、回火。得以達到基材硬度要求。

真空淬火後，各件上的鍍層不見了，但是各件表面仍然保持色澤光亮，這表示真空爐腔體的真空度相當良好，在高真空狀態下，工件方可保持光亮，當然就不會有TiN脫離的問題。以先前經驗推演，應是TiN鍍層附着力不佳，造成鍍層不良原因有，工件表層殘留油漬、粉塵、銹斑、氧化皮膜，CVD爐內膽腔體殘留污染物質，以上都是影響參數。隨之而後的真空淬火，必須在高溫急冷和正壓負壓下進行，不良鍍層就在此種劇烈環境下脫離。

改善辦法及建議：

提升CVD前處理的製程；徹底去除肉眼看不見的油漬、粉塵、銹斑、氧化皮膜。重新再清除CVD爐內膽腔體之污染物質。不良品先行完全退火，再進行CVD TiN披覆及隨之的真空淬火重工。本案之內六角成型沖棒的目前製程缺點是：CVD TiN是超高溫下進行，因此，工件必須在蒸鍍完成後再進行淬火回火處理，易造成工件變寸變形，若變異量超過幾何容許公差，工件得報廢，而且，在蒸鍍製程及接續的真空熱處理製程中，稍有不當就必須重工，且重工件必須退火後才得以重工，不但費時且影響基材組織。

06
機械加工

一、鈹銅與高碳合金鋼，不好加工且加工精度易跑位，加工刀具損耗高，詢問是否可透過以熱處理方式改善目前窘況

案由背景說明：

該公司為北台製做探針的知名公司，本案分兩部份

案一：鈹銅C17300直徑1mm經車銑加工為零件，在製程中刀具損耗嚴重且精度易跑位，詢問是否以熱處理可以改善？

案二：高碳合金鋼SK4直徑1mm經車銑加工成零件，在製程中發現，不易加工且刀具易損耗嚴重，尋求是否有改善的辦法。

案一問題分析：

鈹銅C17300材含高鈹，它的鈹含量1.8%~2%又添加0.2%~0.6%的鉛成為快削鈹銅，鈹銅的特性只要受熱且區間在200℃~400℃是最最重要的影響，硬度就會上升，僅管是磨擦、折彎或切削亦或加熱，但現在問題來了，本案是車銑的方式進行加工，車銑進行中鈹銅會摩擦生熱，溫度上升硬度也跟著提升，且本案之ø徑僅1mm瞬間的車刀接觸引發的熱傳導，由加工端導引至尾端；我們都知道銅是最佳的導熱材，鈹銅也然，也因此，因切削應力引熱產生加工硬化是本案的問題所在。

案一改善對策：

本案C17300鈹銅自身已添加鉛，雖然提升了它的被切削性，但礙於ø徑僅1mm一經切削，易因加工熱產生硬化

對策一：進行應力消除，溫度設定在≦150℃。

理由一：以先前經驗推演超過150℃即產生析出硬化。

理由二：鈹銅線材是以冷抽成型；因抽引應力而產生硬度，也因此利用抽引壓應力的不同而製造出1/4，1/2，3/4H等級硬度，所以進行低溫應力回火，改善被加工性。

對策二：選擇1/4硬度材；以利減低切削阻抗。

對策三：減少切削進給量，以利降低切削應力熱產生。

對策四：切削刀具進行陶瓷金剛皮膜處理；以利改善刀口尖端熱能殘留，延長刀具壽命，保持刀口銳利可減低切削阻抗同時降低加工應力，應可改善加工精度跑位。

案二問題分析：

本案SK4材ø徑僅1mm，以過去經驗推演其先前製程，應是線材坯料經球化退火再冷抽成型，以上製程反覆數次後到ø徑1mm，因此再推演，由於冷抽最後一道，達ø徑要求，並未有接續適當熱處理，因此在冷抽成型時會產生相當大的殘留應力，也同時引起冷溫加工硬化，這也是引起切削阻抗、精度跑位的主因。

案二改善對策：

對策一：進行再結晶退火；條件600~700℃持溫緩冷。

理由一：若再結晶退火無法滿足切削進給要求時。

對策二：進行完全退火；條件760℃持溫爐冷。

理由二：完全退火後的硬度比再結晶退火硬度低，比較易被切削。

二、為何粉末高速鋼經線割加工，還是會變形，且精割一精修二，依然精度跑位，到底那一環節出問題

案由背景詳述：

○公司是一家銷售粉末高速鋼業者，本案是類等ASP-60粉末高速鋼預硬材，硬度66HRC，尺寸60×100×150，販售給線切割業者加工，在加工一件面積15mm×3mm×長度60mm工件，結果發現面積變成矩形，長度方向經卡尺量測中間部份是凸肚，再經二次精修依然超出預設公差，因此銷貨退回。

失效原因分析：

線切割加工是以銅線當陽極電極，被加工件接陰極，經引線孔間隙接近，距離被加工件數μ處，進行放電熔化切割。

本案分兩部份切入問題核心：

首先為何預期加工形狀長方形加工，完成後變形成矩形，仍由於本案加工面積細長僅3mm×15mm，且長度60mm由單一引線孔介入形狀切割應力隨之釋放，隨著切割面積愈大變形巨增，因變形過大雖經二次精修也無法挽回。再就為何在長度60mm中間形成凸肚，以先前經驗，長度40mm以上經線割後量測中間幾乎是凹肚，因此推演凸肚可能有兩種情況：

1.進行放電的銅線未拉緊，WireTension太鬆。

2.進行放電期間電壓跑位，以經驗推測當時電壓

≦30V。

改善對策：

影響線切割變形的參數有：

1.先前熱處理的殘留應力。2.接續的平面研磨應力。3.研磨後的殘磁力。4.線切割加工應力。5.形狀幾何效應。

綜合這些參數，當在進行線切割加工時一次回饋，就是所謂的變形，應力殘留愈大；變形愈大。

就本案形狀幾何，長方形變成矩形跑位，可以預留兩邊懸吊兩段式切割改善，首先在面積長度方向15mm邊緣以細孔放電ø3×2mm孔做為引線孔，兩個引線孔徑邊緣距3mm進行兩段式線割，請看示意圖。

一從引線孔切入右轉至結束點再回精修，另一從引線孔切入左轉至結束點再回精修，最後再切割懸吊處，以平面研磨懸吊臍；此方法不但可預防精度跑位，更可去除引線接縫。

本案長度方向60mm中間處成凸狀的改善方法有二

1.將放電銅線調緊。

2.請檢修穩壓器和變壓器確定功能正常後，將電壓調整至60V~40V之間應可避免長度方向凸臍。

本案在失效原因分析，僅以線切割加工角度切入問題核心，拋開熱處理工藝與材質清淨度驗證有失公允，但本案至此尚無機會接觸失效工件。因此若能佐以金相，驗證失效件材材質清度與熱處理工藝是否完整等參數，當可確保改善對策的完整性。

結論： 本案雖是以口頭電詢，但依先前工作經驗和理論推演，筆者認為線割廠商的工藝觀念錯誤，是造成失效的最大主因，若是熱處理工藝不良可能已經因應力變形而引發開裂，若材質殘雜質；會因導電不良而引起加工失效；（割不動）。

三、為何模具刀口經研磨、拋光後，上線使用還是會粘黏，若尋求改變模具刀口材料，可否改善

案由背景說明：

　　○○公司是一家模具設計、製造加工廠，專營冷作模具，本案是以SKD11材經熱處理工藝製程，得值60HRC後進行研磨拋光成上模刀口，對手材是玻璃纖維，但上線使用後不久，即粘屑，甚至於整個上模刀口由於粘屑被下模夾住，本案在電詢當中，該公司負責人再三強調，上模刀口已經拋光打亮至鏡面，為何還會粘黏，因此認為改變上模刀口材質，應可改善現況。

失效原因分析：

　　理論上推演，模具刀口經研磨拋光至所謂的鏡面，是會降低粘屑的可能，但本案甚至嚴重到，由於粘屑而被下模縮住，因此強烈質疑其研磨、拋光效果不佳；導至面粗度過大，因而引發粘黏。業界對鏡面的要求其粗糙度須≦RA0.2，因此研判本案所謂的鏡面，根本未達到，因此反推先前的研磨、拋光工程失當；有過度研磨、拋光之嫌。

再推演研磨的觀念是多點切削，是利用研磨砂輪上無數砂粒進行多點切削，假若在進行研磨工藝時，由於過度研磨造成砂輪粘屑，此時的砂輪就失去切削能力，想想看，砂輪上的砂粒與砂粒間隙粘滿研磨屑，此時的砂輪與對手材的作動是磨擦而非研磨，此時的砂輪會將被加工材的碳化物（Carbide）粘走，造成被加工材表面顯微孔洞，再接續的拋光工程更造成假性鏡面假象，再就玻璃纖維探討，它是硬質的，但若以金屬板材比較，它還是屬於軟材，由於玻璃纖在進行刀口剪切時，易引起因瞬間切削的剪切熱影響，將玻璃纖維軟化而引發粘黏。

前述的研磨不當造成刀口顯微孔洞化，當在執行剪切工程時，所引起的剪切熱影響，將玻璃纖維軟化的瞬間，刀口上的顯微孔洞，此時是最好的粘黏介面，因此就附著在刀口上，如果附著面積、厚度夠的話，當然就如前述的被下模夾住。

對策與建言：

根據被研磨材，選定適當的研磨砂輪，本案使用SKD11材，建議使用CBN砂輪，提高砂輪清洗頻率，降低研磨進給量，研磨完成後，接續的拋光工程，必須按步進番，每次進番拋光方向需轉90度角，以避免拋凹。選擇清淨度較佳的工具鋼、粉末高速鋼，可避免顯微砂孔殘存，當然對於抗粘黏有加分效果，若能佐以奈米陶瓷金剛封孔，是絕對加分，但前提必須改善先前之研磨、拋光工藝。

結論：本案討論至此，尚未接觸失效工件，僅以經驗理論推演做結論，若能佐以高倍率顯微放大，當可更有力佐證本案，因過度研磨將Carbide碳化物自基地剝離，所留下的顯微孔洞。

四、一大型模件，因上有不明原因之表面開裂，要求檢驗開裂原因

○材料公司專營特殊鋼，據○姓業務口述：本案材料是由他們公司販售給用戶，客戶經熱處理製程後再委外進行研磨加工，完成後無異樣放置約二個月備用，如今取出發現模塊上面有局部深層異樣裂痕，因此強烈懷疑本案與材料品質缺陷有關！

送驗件材質SKD11尺寸110x140x1150mm，開裂位置在模面上端往下延伸至兩側面，僅一處分佈非全面性，因此用戶更強烈質疑材質缺陷。

開裂原因分析：

由肉眼觀察開裂起點方向與研磨方向成垂直交叉，是典型的研磨龜裂，但僅局限在一處而非全面性的龜殼狀分佈，更質疑應是瞬間砂輪點狀過度吃刀所引起之研磨燒著，從送驗件開裂處，以細孔放電進行ø1mm貫穿再進行25x25x110mm線割取試片，再以切斷機切下25x25x10mm，再對切成二块，一块測試表面硬度分佈，另一块測試斷面硬度分佈。

開裂處邊緣表面硬度分佈測試結果：以維克斯荷重300

克測試再換算洛氏HRC，最高56HRC，最低40.1HRC。

開裂處邊緣斷面硬度分佈測試結果：從表層0.03mm至心部每隔0.05mm測一點，延伸至1.10mm處硬度皆在59HRC上下區間。

經開裂處邊緣表面硬度分佈測試判讀，更應證前述的推演，由於瞬間砂輪過度吃刀所引發的高溫將模塊表層硬度下降，再比對斷面硬度分佈，其硬度高低差最大值19HRC，影響深度約0.03mm由於不正常的研磨吃刀所引起的瞬間高溫，將模塊表層硬度降低，最高值56HRC，最低值40.1HRC，以硬度推演當時研磨瞬間所產生的高溫約在530℃~650℃區間。模塊由於瞬間研磨高溫的熱影響，至使表層因受熱而膨脹；但深層的基地還是處於常溫，隨之而後的研磨冷卻水噴濺接觸在受熱膨脹的表層，此時的表層受內外冷溫的收縮拉扯下，基材溫度與表層溫度舜間相差約600度又加上冷卻水的催化，因而引發應力微裂，再經放置一段時間裂痕由於應力接續釋放，從淺層擴展至深層，裂痕也由模面延伸至兩側，這也是送驗件所呈現的不尋常深層開裂原因。再以熱處理經驗理論推演開裂原因，本案基地材是SKD11含高碳高合金，試想將基材表層加熱至600℃區間再投入傾盆大雨中，其結果必定開裂，且SKD11材在JIS的規範中是空冷鋼，所謂的空冷鋼可解釋成空氣冷卻硬化鋼，而本案等於是表層高溫度回火瞬間淬水。

對策建言：
送驗件不尋常的深層開裂起因於不當研磨加工，因此改善研磨工藝技術是本案首要事項。

研磨加工者須對被加工材清楚認知，慎選適當的研磨砂輪與砂輪粒度，經熱處理製程的SKD11材，每次進刀量須≦0.02mm可避免研磨龜裂，更可確保平整度，經常性的清洗砂輪可避免夾屑，重新調整研磨冷卻水角度，確保冷卻水是對準砂輪，將砂輪上之夾屑沖除，而非讓冷卻水跟在砂輪後面如尿尿般行進。

結論：本案最終的癥結點，在於研磨者的研磨工藝技術不良及對手材的認知不夠，若是換成SKD61未熱處理材或中低碳合金鋼就不會有如今的客訴發生，因此加強對於材料認識再慎選對應的砂輪是防止再發的最大課題。

五、銲補製程研發分享

○○模具公司要求協助銲補SKD11材之汽車模具，重點在於如何避免銲補後開裂。

背景詳述：

○模具公司是一家專營汽車模具製造廠，此番模具銲補導因於Buyer設變（設計變更），因先前曾因設變須修改模具，且模具經銲補後上線使用即開裂，這也是要求協助主要目的。

本套模具使用SKD11材，經機械加工成型後，再經熱處理硬化，經試模後應客戶要求設變，所以必須進行銲補修改，模具屬於異形，尺寸大約200×250×400×1套。

先前銲補開裂原因研討：

以經驗推演銲補開裂原因，以本案SKD11材為例，應該有二個主要程序沒做或沒做好才會引發銲補後的開裂，銲補前的模具預熱溫度、時間的掌控，銲補後的應力消除溫度、時間的控制是最大影響參數。再因SKD11銲材是高碳高合金空冷硬化鋼，其硬化效能相當優良，若是前述的預熱、後熱程序不確實，會在銲補介面處微裂，再經上線使用即引發大規模開裂。據筆者所知，坊間補模廠鮮少有預熱更惶論後熱；因為根本沒有加熱爐設備，頂多用瓦斯爐和耐火棉，對於大型模具幾乎束手無策。

本案銲補製程設計： 分兩部份，一是銲補處是刀口作動用途，另一銲補處非刀口作動用途。

首先以銲補處須要刀口作動用途設計製程

將整套預銲補模具先進行完全退火850℃×5H爐冷→插溝開糟→預熱350℃×5H→銲補→應力消除600℃×6H→再進行熱處理硬化→完成。

再就銲補處不須要刀口作動用途設計製程

直接插溝開糟→預熱350℃×5H→銲補→應力消除500℃×6H→完成。

這兩個製程設計不同處在於，一個進行退火另一個沒退火，有退火製程必須再進行淬火+回火之後續硬化處理。差異處在於先經退火再進行接續製程的幾乎沒有硬度差；也就是說銲補區與未銲補區之介面硬度是相同的。另一個未經退火即進行指定銲補製程的，其銲補區與未銲補區之介面，因銲補進行中的銲珠溶液熱影響會有少許之硬度降低。

前述之二套製程須考慮的參數有，交期、品質、用途、價格，它的利弊對應關係必須在製程前先決定好再作為。

銲補參數建議：

TIG銲接條件：銲條直徑2.4mm，電極直徑2.4mm，銲接電流200A，電弧長度4.8mm。銲補運棒採用後退法，銲槍與工件物之工作角度75度±5度。

採用串珠式熔銲：每熔銲一段50mm即用銅鎚打實，可確保無孔隙，注意事項：再提醒銲補的預熱須落實，銲補後的應力消除必須在補模完成即刻進行；不可任其放冷，否則將有冷卻微裂的危險。插溝開槽完成，須確實清除溝槽內之雜物；若殘存油漬、鐵屑、銹層將會影響其熔合效果。

結論：也因此再一次推演，本案提案公司先前曾有補模後上線即開裂，原因在於整套銲補製程及細節未落實而導至最終的開裂，截至目前僅憑該公司廠長口述，並未接觸失效件因此以推演結案。

六、為何在沖壓當中上模刀口成細小碎屑崩落，如何改善

案由背景詳述：

　　泰山某五金沖壓廠的課長來電詢問，最近公司開發一件客製零件，是以厚度5mm的酸洗板為坯料，規格上除了尺寸要求，沖製品的斷面必須是全切斷面，不容許有拉斷痕，課長使用SKH9材為上模經熱處理至62HRC線切割後，再用陶瓷銑刀精修刀口之幾何精度同時去除線割放電白層，為了要得到切斷面無拉斷痕，上模與下模間隙僅留單邊0.02mm，下模刀口使用鑽石銼刀倒成尺角，無奈在上線使用不久刀口即成小碎屑崩裂，因而提早下線。課長說本案是使用傳統沖床，沖製本案客製零件，因前述的公模沖棒提早下線至使產量降低成本增加，問可有改善辦法？

可能不良原因分析：

　　以本案客製零件要求無拉斷面，且坯料厚度在5mm，理論上應該使用精密下料沖床，也就是業界所稱的FineBlanking沖床，而非傳統沖床，因此推演工作母機已經是不適當。因為是沖製品斷面平整度要求，必須將上下模單邊間隙縮小至0.02mm，以一般正常值來設定，應是坯料厚度5mm×6%等於單邊間隙是0.3mm，這樣一比較等於比正常值小15倍，當在進行沖壓工程時，由於間隙太小上模下行至下死點將坯料沖斷的剎那，坯料餘料會拉扯擠壓上模，此瞬間不但形成高溫摩擦，更造成坯料屑沾粘刀口，引發側向受力，上模因此成細屑崩落，也是造成提早下線

的重要參數。

　　本案上模沖棒經線割，再用陶瓷刀精修幾何精度，是可消除線割放電的殘留白層，但陶瓷刀精修的方向，與沖壓方向成垂直交叉，又加上上下模間隙過小，摩擦係數加大，更惡化成夾沖、夾屑，再就是傳統沖床的行進穩定度較差等參數，最終引發上模刀口崩裂。

改善辦法：

　　課長的公司目前不可能採購精密下料沖床，又因沖製件的精密切斷面要求，更不能放寬上下模間隙，因此將SKH-9材尚未線切割之餘料進行硬度下降回火，將硬度調降至58~60區間，以提高抗折力。將線割後的上模仁用陶瓷刀精修，再進行手工打光，取木筷將一端削成斜角，沾鑽石膏拋光，切記最後一道拋光方向必得與下料同方向，再拋光至鏡面，刀口端須用鑽石挫刀倒成微R角。

　　結論： 本案使用傳統沖床沖製5mm酸洗鋼板，且切斷面要求無拉斷痕，這對使用傳統沖床幾乎是不可能任務，因此只有將上模硬度降低以提高抗折力，並將上模刀口拋光以減少夾沖夾屑所造成的側向受力，所引起的刀口崩裂。傳統沖床行進時的穩定度較差，易造成上模下行至下死點的行程進行中偏擺位移，對於剪切精度要求高的沖製品是一大挑戰。

七、為何模具經熱處理製程後，在模具端面產生裂痕

案由背景詳述：

三重某家特殊鋼材料小盤商的業務主管，載來一塊SKD11尺寸約25mm×180mm×500mm模板，本案材料是他們公司供應給客戶，經機加工後，送熱處理製程，再進行平面研磨及靠邊基準面研磨，最後送線切割公司才發現，在靠邊基準面；也就是厚度25mm×500mm處，發現不等距的三道裂痕，因此招致退貨。客戶質疑材料有瑕疵？該主管向客戶解釋，本案材料是從原材料5M長切下來，其它4.5M已經銷售給多家客戶都未發現有問題，但客戶不接受這樣的說法，問原因為何？

不良原因分析：

由不良品裂痕處觀察發現，起裂點是由厚度方向開裂延伸至平面，共計三處，厚度方向是線切割時用來靠邊定位當基準面，因此平面精度要求相當高，必須經過研磨加工才可獲得，本案裂痕恰巧與基準面的研磨方向成垂直交叉，因此判定是典型的研磨龜裂。研磨龜裂起因於，研磨進刀量過大，及研磨砂輪夾屑，經肉眼觀察螺絲孔發現，本案模具未研磨處呈類似金黃色，研判本案是以真空爐淬火再以大氣爐進行約180℃回火，是屬於低溫回火件，造成研磨龜裂的主因是研磨方法不當，但低溫回火更易形成殘留沃斯田體轉化及應力釋放，更是催化研磨龜裂重大參數。

改善辦法：

一般SKD11冷作沖壓模具的硬度要求約在58~60HRC
因此建議改以CBN.K級砂輪，粗磨60#~100#，進刀量小於
0.02mm，精磨300#~400#進刀量小於0.005mm，必須防止
砂輪夾屑。SKD11冷作沖壓模具若需經線切割加工，請以
510℃回火x二次回火二次以上。

結論：本案經前述觀察及經驗推演，判定並非材質
問題，而是起因於研磨不當引發龜裂。依本人先前經驗研
判本案應是使用白砂輪，且進刀量已經是太離譜，若先生
有機會到研磨廠參觀，一定可以知道詳情，因為若以本文
所述的方法，研磨產生的切削聲非常微小，若以本案產生
龜裂狀況，在白天25公尺遠就可聽到研磨聲，因為研磨進
刀量與砂輪選擇，都是成本考量，可能研磨廠得不到好單
價，又加上不同材質對研磨影響的不了解，才造成本案失
效。

八、SK5材在進行平面研磨時，因變形過大致使多件被研磨材因變形過大而報廢，問如何改善

案由背景詳述：

新莊某機械零件加工製造廠的負責人來電，說目前
接到一張客製訂單，材質指定SK5調質鋼，硬度要求在
42~46HRC，尺寸約1mm×80mm×150mm之異形刀片。日前
向材料商購得SK5調質鋼，厚度1.3mm之板材，經線切割

加工取得外形，再以研磨加工進行平面及厚度精度調整，無奈只要上研磨機加工，馬上因變形過大報廢，雖經數次調整研磨砂輪及進刀量，還是無法達到精研至客戶要求的尺寸精度，且本案平面精度要求公差僅小於0.01mm，截至來電以前沒有一件是合格件，問可有改善辦法。

不良品原因分析：

經前述背景說明得知本案材料是SK5且是調質材，推演先前熱處理應是採用連續光輝爐，以鹽液當淬火介質；也就是連續爐沃斯回火法（Austemper）它是利用連續爐前室加熱至850℃再推進入約280℃~380℃的鹽液中進行恆溫沃斯回火，得到的硬度就是42~46HRC，它的組織就是變韌體，標準作業是如此，也不需再回火，因此它的彈性係數特優，抗疲勞強度也非常好，但殘留應力也相當大，本案使用場合較特殊，必須經研磨砂輪加工平面，當在進行研磨時，研磨砂輪一接觸到鋼材即刻誘發應力釋放，因而導致一邊磨一邊變形，最終導至預留被研磨厚度不夠，招致報廢。

改善辦法：

將尚未研磨的被加工件，以三十片堆成一件，取厚度25mm之中碳鋼兩塊加工成治具將其夾住固定，以防止應力消除回火時，因應力釋放導致變形，應力消除的條件是：340℃x6H。以340℃x6H為應力消除參數，是考慮防止因應力回火溫度過高將影響基材硬度，及誘發形狀幾何變形。因此設定此溫度、時間參數，不但不會影響基材硬度及形狀幾何精度，又可校正基材平面，因本案SK5材是取材自捲料。

結論：本案失效主因是來自於基材的殘留內應力，再經研磨加工時高轉速的研磨砂輪接觸瞬間的加工應力，誘發出基材的殘留應力，導致本案被加工件因雙重應力的影響，最終被加工件全數報廢。若經前述改善辦法所述，以治具夾持被加工件，再進行應力消除，必定可獲得改善先前基材殘留應力。

後記：

本案是四月上旬發生，在四月中旬接獲新莊機械加工廠之負責人回電表示，經應力回火的SK5調質鋼，再經研磨加工並未引發變形，且形狀幾何與硬度全OK。

九、壓字刀模要選擇何種材質當模具？熱處理是否會變形

案由背景詳述：

桃園龜山某模具製造加工廠的老闆，帶來兩件已經下線的壓字刀模，刀模尺寸約100mm×25mm×1.2mm；模具在100×25mm平面上原先是以高速銑刀雕刻數字與Logo在模面上，雕刻面積約80×18mm，以肉眼觀察其刀口斜角約25度，刀的凸出高度約0.9mm，刀尖端成銳利尖角，在刀口尖角處有多處崩裂，因此提早下線，老闆問：要選用何種材質應對？熱處理是否會變形？

老闆說：壓字模的對手材是軟質的樹脂，壓字刀模具

原先是用什麼材質不清楚？因本案兩件下線模具是由客戶提供，除了當製作樣品也可觀察刀口崩裂原因也可作為將來新品必須改善的目標。

不良原因分析：

首先以洛氏硬度機測試得值60~62HRC，再以火花測試比對，發現材質應是SKD11。將兩件壓字模樣品背靠背觀察其變形量，大約各變形0.3mm左右。由前述的檢測發現，壓字刀模的平坦度不佳，因其平面變形量在0.3mm，當在進行壓字時，並非平面接觸而是點接觸，又加上硬度60~62HRC；這僅是模板面硬度，在刀口端因肉厚較薄硬度是更高，因此在作動時，不久即產生崩裂，這應是本案提早下線主因。

改善辦法：

如老闆所述：

本案對手材僅是軟樹脂，因此建議使用塑膠模具鋼的P20或日本日立FDAC。P20材是調質鋼硬度28~32HRC，直接機加工至完成尺寸即可上線使用，不需進行熱處理；當然就不用考量熱處理變形造成平坦度不佳考量，FDAC材也是調質鋼硬度40~43HRC，機加工與使用方式與P-20類同，它的硬度高使用壽命較長與P20比較韌性較差，但材質價格稍貴。以P20和FDAC兩種材質比較其使用結果，擇優選擇量產，但不管何種材質，因本案工件僅1.2mm的厚度，當在進行雕刻前的平面研磨必須防止研磨變形及消磁。若客戶堅持指定SKD11材時，請說服客戶將材料厚度

「創造了生命中美好的回憶」是我認為三年前這趟冒險最大的意義。

　　當初靈感觸動我決定要去的時候，並沒有想那麼多，只知道要帶一頂好的安全帽、保暖的衣物和一台相機，謹此。所以回來後在原有的生活步調中逐漸淡忘此事，偶而想到一些，但一年後腦海中開始浮現出更多當時的畫面，這種情景有點像喝過好茶回甘一樣，只是慢了一點，於是我就開始在我的音樂會中加入了這個主題，播放了一些當時的照片和藏老做酥油茶的影像，也分享了我經歷的這個故事，給在場的朋友，辦了幾場後就停下來，因為我認為沒必要再重複了。

　　至今又隔了一年，每當我看到那些照片，回想當時發生的一些事情，就更觸動我的內心，以我這個年齡、人生不知經歷過多少事，為何這件事讓我如此深刻？其中一定有值得書寫更詳盡的過程和感受，如果能給自己留個完整的記錄，也分享給更多的人，那會是一件好事，所以才動筆寫這個故事。

增加至大於10mm以上，可減少熱處理淬火急冷引發的變寸、變形，硬度調降至50HRC即可。

結論：本案下線不良品重製主因，在於原先壓字刀模厚度太薄，經熱處理引發變形、變寸無法利用治具校正，這也是本案失效主因，再就是刀口端硬度超硬，且SKD11材其含碳量1.6%和高鉻鉬合金較易脆，當然造成提早下線。

十、為何SKD11材經線切割加工後，在長度方向型成凹狀？造成原因為何？如何防止

案由背景詳述：

五股某特殊鋼銷售公司的業務，帶來四件線切割不良品客訴，原因是某線切割廠日前購買SKD11材一批，尺寸不等，一併委外進行熱處理，回廠後經表面研磨，取其中一塊尺寸 45mm×250mm×250mm進行線切割加工，尺寸要求約45mm×30mm×2.5mm×4件的客戶訂製異形沖頭，加工完成以量具檢測發現在長度方向成「凹肚」狀，且因為凹太多而報廢，線切割廠老闆質疑是材料的純度有問題，因此拒付貨款，但許先生則認為應該是熱處理製程有偷工之嫌？問真正原因為何？如何防止？

不良原因分析：

以過去經驗推演在進行斷面線切割，會產生凹肚是屬正常現象，只是變異量大小而已，若是外型和內孔來做論

述，外型一定是凹肚，內孔則是凸肚，以變異量較大推演形成原因，水質歐姆數（阻抗、電阻）較高、電流電壓調整不良及銅線之Tension（張力）控制不當，都會形成較大的外型凹肚，本案屬於外型因此是凹肚。本案較特殊是尺寸相當薄厚度僅2.5mm，以經驗推演如此薄的個案，不但會凹肚還易於扭曲，這應當是造成不良的主因，經肉眼及低倍率放大鏡觀察四件不良品，並未發現斷線及多次放電和停頓處，研判本案基材導電率相當優良，材質中的雜質是可接受，簡單說：材質沒問題。

改善辦法及建議：

線切割業屬於有產出無產品的行業，尤其是模具加工，每個案的尺寸精度要求完全不同，因此加工製程很難標準化和單一化，也很難比對合理的變形量和凹凸變異量，若是操作者不黯隨個案不同調整水質歐姆數、電流電壓、及Z軸銅線的Tension，易產出較大的外型凹肚。依本案尺寸精度要求，可改以一個引線孔割一修一，或二個引線孔切割法，雖然工時增加但不會有不良品產生，SKD11之基材在進行熱處理製程時，應要求熱處理廠進行多次高溫回火，或進行超深冷處理，可避免在線割時由於殘留內應力的釋放，會加大凹肚變異量和扭曲變形的可能。

結論：線切割引發的外型凹肚及內孔凸肚都是無法避免的常態現象只是變異量大小之分，絕對不是因材質和熱處理影響若是材質含雜質過多會割不動及斷線，依本案推論向許先生提出客訴的線切割廠，可能是一家剛出來創業的廠商，因線割外型凹肚在線割界僅是常識而非知識。

十一、肉厚很薄的工件，如何預防因加工應力釋放所引發的變形？使用何種材質？工序如何應對

案由背景詳述：

新莊某機加工廠的老闆來電詢問，日前接獲一客制訂單，上面載明硬度要求58~60HRC、實際尺寸是外方200mm×200mm×18mm，內圓ø190mm，老闆擔心若是先進行熱處理再接續線切割加工，恐因肉厚太薄而扭曲變形，更可能因變異量過大而報廢，本案內圓ø190公差±0.01mm。問使用何種材質變形量較少又同時可達到58~60HRC的要求？如何在工序中預防過大應力釋放的應對方法。

可能影響分析：

本案訂單上要求是外方200mm×200mm×18mm，內圓ø190mm，單邊肉厚僅5mm，若是直接取材200mm×200mm×18mm，先行熱處理，即進行線切割加工，此時因內應力釋放一定超出容許公差而報廢。以先前經驗做比較，曾接獲個案是外方內方尺寸大約是250×200×20，材質是不用熱處理的中碳鋼，以線切割加工內孔約230×180，工序結束經量測發現變形量約0.12mm，因此以他案推演本案老闆的擔心是一定會發生，且本案有硬度要求，因此更得考慮熱處理的應力殘留及肉厚僅5mm的影響，將加大惡化其變形量。

改善辦法及建議：

建議使用應力較小的空冷硬化鋼SKD11，不但價格便宜也較易取得。依本案要求取得外方200x200x18材料，先以機加工切割下內圓ø170mm在委外進行熱處理，熱處理採用真空爐以石墨當治具平躺進行，可避免橢圓變形，採用高溫回火，再進行超深冷處理。熱處理製程結束經平面硬磨後，再進行ø1.5的引線孔放電，再以兩段式切割法進行線切割加工，應可達本案尺寸精度要求。

結論： 本案內ø精度容許公差要求僅±0.01mm，因此必須採取先讓應力釋放的方式進行，這將增加工序和加工成本，因此在接案報價時，得向客戶先行解說，取得共識後方可接案，否則不但由於工序增加成本也增加交貨也將延遲。

十二、利用銀銲將鎢鋼鑲入SKD11材，在銀銲結束後卻發生工件開裂，裂痕從鎢鋼延伸入SKD11材，原因為何？如何改善？

案由背景詳述：

苗栗某精密工程公司的工程師，帶來一件不良品，是以SKD11材為基座，尺寸約35x300x300mm，在基座中心，預先加工一凹穴，凹穴四邊倒角，尺寸8x100.5x100.5mm，做為鎢鋼鑲入位置，鎢鋼是G5材，尺寸8x100x100mm，先前製程說明：基座SKD11材→熱處理60HRC→平面研磨→以瓦斯爐火焰加熱→紅熱狀態→灑銀

今天下午，我用輪椅推著我九十歲的媽媽到社區中庭曬曬初春的太陽，看到有好幾部輪椅也在那裡，我心裡想，有一天老到走不動的時候，還有這段冒險故事可以陪伴著我，我沒有虛度此生。

周 天 興 2018/3/18

國家圖書館出版品預行編目資料

香格里拉千里單騎 / 周天興作 . -- 初版 . --
臺北市：博客思，2018.6
面； 公分
ISBN 978-986-96385-1-7(平裝)
1. 遊記 2. 西藏
　676.66　　　　　　　　107007723

生活旅遊13

香格里拉千里單騎

作　　者：周天興
編　　輯：陳勁宏
美　　編：陳勁宏
封面設計：陳勁宏
出 版 者：博客思出版事業網
發　　行：博客思出版事業網
地　　址：台北市中正區重慶南路 1 段 121 號 8 樓之 14
電　　話：(02)2331-1675 或 (02)2331-1691
傳　　真：(02)2382-6225
E—MAIL：books5w@yahoo.com.tw 或 books5w@gmail.com
網路書店：http://bookstv.com.tw/
　　　　　http://store.pchome.com.tw/yesbooks/
　　　　　博客來網路書店、博客思網路書店、三民書局、金石堂書店
總 經 銷：聯合發行股份有限公司
電　　話：(02) 2917-8022　　傳 真：(02) 2915-7212
劃撥戶名：蘭臺出版社　帳號：18995335
香港代理：香港聯合零售有限公司
地　　址：香港新界大蒲汀麗路 36 號中華商務印刷大樓
　　　　　C&C Building, 36,Ting, Lai, Road, Tai,Po, New,Territories
電　　話：(852)2150-2100　　傳真：(852)2356-0735
經　　銷：廈門外圖集團有限公司
地　　址：廈門市湖里區悅華路 8 號 4 樓
電　　話：86-592-2230177　　傳 真：86-592-5365089
出版日期：2018年6月 初版
定　　價：新臺幣 350 元整（平裝）
ISBN：978-986-96385-1-7

粉入凹穴→鑲入鎢鋼→立即任其空冷至常溫→破裂發生。

銀銲工件多處開裂，裂痕不但從鎢鋼延伸至基座的SKD11材，且在銀銲界面處也多處凹陷，問開裂痕和界面凹陷可用銲補方式進行修補嗎？本案的發生原因為何？若重製新品如何預防？

可能開裂原因分析：

鎢鋼G5材的合金成份是WC76%、CoC24%，應用在抗超高溫環境、高耐磨耗場合。

SKD11材屬於冷作工具鋼，僅適合在常溫環境下作業使用。

據工程師口述：本案不良品是以瓦斯火焰加熱至紅熱狀態，推演其當時溫度約大於650℃以上，這也是銲材必要之熔化溫度。

從先前製程說明觀察，發現銀粉灑入凹穴再鑲入鎢鋼後，立即，任其空冷至常溫，是這個環節引起開裂，原因是：鎢鋼的熱膨漲系數、密度和展延性與基座之SKD11材是天壤地別，且本案入块又是在基座中心，當基座降溫至常溫時基座外緣已經冷卻至常溫，心部溫度持續在擴散，由於是兩種材質，熱膨漲系數不同，吸熱、散熱也不同步，因此當基座降至常溫時在中心位置的鎢鋼還是保持高溫，此時，由於熱擴散不均等產生拉扯，開裂由銀銲界面延伸入鎢鋼，再從鎢鋼展延至基座。

銀粉置入凹穴是以手灑，其分佈的均匀性較差，又加上立即的放冷，此時已液化的銀粉，由於放冷而產生固化，幾乎無法流動，當放冷至常溫，此時的銀銲界面產生高低不平整，再經研磨後，就顯現所謂的凹陷。開裂處與界面凹陷處，以過去經驗推演，無法以任何方式進行修補，即使是氬銲更不可，理由也是兩種鋼材特性不同膨漲系數也不同。

改善辦法及建議：

必須放棄使用任何方法進行修補，因此，重新備料重工是必然。

銀銲溫度高達650℃以上，此時基座SKD11材硬度立即下降至43HRC以下，隨著時間的加長或溫度的再提升，硬度會掉的更低，因此，建議以SKD61取代。

銀銲工序改善辦法：基座SKD61→熱處理45HRC→在常溫將銀粉置入→再放入鎢鋼定位→以瓦斯爐緩慢加熱→等銀粉全均勻熔化為液態→以多層高溫耐火棉覆蓋→自然放冷至室溫→完成。

結論： 本案缺失，主要是銀銲工序方法不適當，當在銀銲結束後，放冷速度過快，這是開裂主因，這也顯露出銀銲工藝技術者，對於兩種不同材質的個別特性，以及基座肉厚的質量效應不了解，才會造成開裂和銀銲界面不平整。

十三、以瞬間膠固定鎢鋼刀片胚料，經研磨加工後，以火焰加熱去除瞬間膠，卻發生龜裂，原因為何？如何防止？

案由背景詳述：

新北市八里某工具機製造廠負責人來電詢問，日前向國內一家知名鎢鋼製造廠，購買一批鎢鋼刀片胚料，尺寸約30x30x50mm，數量二百PCS，等級G-5，硬度87HRA，在進行5mm厚之端面精寸研磨加工，由於厚度太薄不易站立，於是將每50PCS以瞬間膠粘貼固定為一排，因此，二百PCS剛好組合成四排，再以鑽石砂輪進行精寸研磨，當工序完成，立即以瓦斯火焰烘烤，將瞬間膠去除，得以將鎢鋼刀片分離，不知何因？近3/4約150PCS的鎢鋼刀片全數龜裂。負責人表示：整個加工的工序是由他的廠長執行，且鎢鋼胚料供應商是同一家，材質，硬度，經其它廠商再確認，也是符合規範，後來，邀請這家知名鎢鋼製造廠的廠長，就本案不良原因做說明，卻得不到答案，僅是，免費提供近150PCS之鎢鋼刀片胚料，做為補償。

負責人擔心這些免費鎢鋼胚料，以同樣的工序進行加工，是否會再發生龜裂，到底龜裂真正原因為何？如何防止？

可能不良原因分析：

所謂鎢鋼就是在基地裏含碳化鎢比率最高，其餘就是碳化鈷及少量的元素，依廠牌和等級不同，比率也不一樣，鎢鋼屬於超高碳化物合金，比重高，依等級不同比重介於13~15，特質是導熱慢，散熱也慢，所以，表層和心部在導熱時溫差極大，因此，不適合高溫急冷場合。

以過去經驗推演鎢鋼龜裂原因為：劇裂側向受力，及高溫水冷。本案當事人並非工序執行者，僅是轉述廠長的報告，真正的工序事實可能並非如此，因此，推演本案可能引發龜裂原因是，高溫水冷；以火焰烘烤鎢鋼刀片進行脫膠，若是，即刻以水進行冷卻，就在此時，龜裂立即產生，在那當下，工序執行者應該會聽到清脆的開裂聲響。

又為何並未200PCS全數龜裂，僅3/4產生崩裂，因為是使用瓦斯火焰烘烤，個件受熱必定有高低落差，受熱較高的個件，遭遇急速水冷之溫差較大，因此，較易開裂，受熱較低的個件，高溫水冷是溫差較小，較不易引起開裂；這也是僅3/4個件開裂的原因。

改善辦法及建議：以瞬間膠固定被加工件是被允許的，以火焰去除瞬間膠也是業界常規，當火焰去膠完成，個件已確實分離，應任其自然放涼至裸手可接觸，再以水和砂紙清除殘膠即可，切記！千萬不可在高溫狀態以水進行冷卻。

結論：本案客訴主因，在於直接用戶，對於鎢鋼特性不了解，以錯誤的方法做了錯誤的工序。更可能是，本案工序執行者，早已知道事實真相，因為害怕被責罵，因而掩蓋事實卻連累無辜的鎢鋼製造廠，因為，無法提出反證，還得無償提供胚料供廠使用

後記：

在截稿後數日，工具機廠負責人來電告知，按照改善辦法所提之建議進行工序，後補之150PCS鎢鋼刀片胚料加工，全數OK，同時，也回電給鎢鋼胚料製造廠的廠長，告知，引起不良原因之事實。

工業叢書 01

熱處理，101例客訴分析

作　　　者：謝朝陽
校　　　稿：陳裕文
美　　　編：林育雯
封 面 設 計：林育雯
執 行 編 輯：高雅婷
出 版 者：博客思出版事業網
發　　　行：博客思出版事業網
地　　　址：臺北市中正區重慶南路1段121號8樓14
電　　　話：(02)2331-1675或(02)2331-1691
傳　　　真：(02)2382-6225
E—M A I L：books5w@gmail.com
網 路 書 店：http://bookstv.com.tw/
　　　　　　http://store.pchome.com.tw/yesbooks/
　　　　　　博客來網路書店、博客思網路書店、
　　　　　　華文網路書店、三民書局
總 經 銷：聯合發行股份有限公司
電　　　話：(02)2917-8022　　傳真：(02)2915-7212
劃 撥 戶 名：蘭臺出版社 帳號：18995335
香 港 代 理：香港聯合零售有限公司
地　　　址：香港新界大蒲汀麗路36號中華商務印刷大樓
　　　　　　C&C Building, #36, Ting Lai Road, Tai Po, New Territories, HK
電　　　話：(852)2150-2100　　傳真：(852)2356-0735
總 經 銷：廈門外圖集團有限公司
地　　　址：廈門市湖裡區悅華路8號4樓
電　　　話：86-592-2230177
傳　　　真：86-592-5365089
出 版 日 期：2017年5月 初版
定　　　價：新臺幣580元整（平裝）
ISBN：978-986-93783-6-9

國家圖書館出版品預行編目資料

熱處理客訴處理百例經驗分享 / 謝朝陽著　--初版--
臺北市：博客思出版事業網：2017.5
ISBN 978-986-93783-6-9（平裝）
1.熱處理

472.2　　　　　　　　　　106002051